深夜バイトでネムネムフラフラ日記

パン工場はワンダーランド

野村雅之

めでぃあ森

目次

まえがき……4

第一部 潜入！ 深夜のパン工場

今夜も職人技《しょくにんわざ》に酔いしれる…8
聞かぬはバイトの大損《おおぞん》なり…15
新たな発見パン体型……22
気がつけばパンコーナー……30
たかが用具、されど用具……36
急げ、トイレだ。緊急事態《きんきゅうじたい》！…44
今日は、嬉《うれ》しい給料日……49

第二部 パン工場はワンダーランド

そこまでやるか消毒三昧《ざんまい》……58
伝統《でんとう》引き継ぐ先輩《せんぱい》文化……67
博士《はかせ》と神棚《かみだな》……73
噂話《うわさばなし》と真実《しんじつ》……79
心を磨《みが》くモップ掛《か》け……86
桜と祭りは、春の華《はな》……93

第三部　パンはいろいろ　人もイロイロ

お師匠《ししょう》さんとの再会《さいかい》……100
人はおだてりゃ……108
仕事がなければ、それまでよ……114
世界の国からこんにちは……120
思いやりのある残業……125
バカと馬鹿におばかさん……131

第四部　人生、是《これ》、双六《すごろく》なり

天災《てんさい》は忘れなくても　やってくる……138
新入社員さんいらっしゃい……143
そうだ！　双六《すごろく》でいこう……149
三つの張り紙に教えられ……155
曲がった小指……162
卒業……168

あとがき……176

まえがき

二〇二二年一月六日。私は、いつものようにお気に入りのコンビニで、トイレをお借りした。買い物もせず急いで店を出ると、歩道橋前を左に曲がり、わずかばかりの近道をした。更に、橋の下は車が来ないので斜めに歩き、距離と時間を稼いだ。

そして、会社の二、三十メートル近くで立ち止まり、深くしっかりとスクワットを二回行い、一気に気合を入れた。静かにフーッと深く息を吐き、今夜の目的地であるバイトの工場へとすたすたと歩きだした。その工場とはとてつもなく大きなパン工場で、深夜の二十三時から早朝の五時まで休息なしで六時間、しかも立ち仕事という過酷《かこく》なものであった。

しかし、この業務は目が飛び出すほど時給《じきゅう》が高い。ズバリ一時間一六五〇円也。無職で母の介護中の私にとっては喉《のど》から手が出るほど嬉《うれ》しく、思わずニンマリしてしまう。できるとかできないよりも、お金。まずはお金への気持ちが勝《まさ》る。

現在は、年金受給直前《ねんきんじゅきゅうちょくぜん》と年を取ってはいるが、若い頃アスリートだった私にとっては超軽い作業と思えた。何人かの友達にも楽勝《らくしょう》だと言った。が、この考えは後に強烈《きょうれつ》なしっぺ返しをくらうこととなった。

実は、昨年十二月二十日から二十五日限定《げんてい》で、この工場で働いてみたことがあった。その時はクリスマス商戦でかなり多くの人手が必要とみえ、我が家のポストに入っていたチラシを頼りに面接を受けた。百五十人ぐらいは募集していたと記憶している。この時は実に運が良くて、若い人達に紛れ込み、仕事をいただくことができた。本当にラッキーと言えた。

昼は、女子高生が圧倒的に多い。この期間は試験休みや冬休みだから当然である。また、夜は東南アジアの留学生さんや、小さなお子さんのいる主婦が多い。夜中に働き、朝食の準備のために急いで退勤《たいきん》するお母さんたちには、頭が深くさらに深く下がる。コロナ禍にあって、仕事を求めてかなり遠方より六時間だけ働いて帰る人たちもいる。勿論《もちろん》、交通費は支給《しきゅう》されるが、通勤時間を考えるとかなりしんどいと思う。それでも働かなければならない人たちには、一《いち》期一会《ごいちえ》の思いで優しく接したい。

そして、今宵もバイトの受付場所はタガログ語やネパール語が飛びかい、隣に座っている彼はベトナム人であった。ここは、ギャルからベテランまで年齢層もバラエティーに富んでいる。これらの集団は、どことなく学校の教育公務《こうむ》員《いん》集団に似ていると思った。かつて教師だった私にとっては親しみやすく、心がウキウキする時間であった。

さて、そんな中で繰り広げられた私のバイト劇。そして手に汗握《にぎ》る数々のドラマやエピソード。

早速《さっそく》、私と一緒に当時の日記を覗《のぞ》いてみませんか？

第一部

潜入！　深夜のパン工場

今夜も職人技《しょくにんわざ》に酔いしれる

「なぜ今頃来た！」

「遅い！」

「どこでうだうだと油を売っていたんだ？」

「前にも来たことあるだろう」

「スイッチのオン・オフぐらい、いい加減に覚えろ！」

「そんなに難しいか？　えっ、簡単だろ」等、すっかり目じりと肩が吊《つ》り上がっているベテラン社員さんから、怒涛《どとう》の如《ごと》く叱咤《しった》激励《げきれい》？をされた。


普段から多少のことでは驚かない私ではあるが、仕事場に着くや否《いな》やこの調子で出迎えられ、思わず天井を見上げてしまった。ネムネム状態でバイトに来た私も、すっかり背筋が伸びきって狐につままれた心持ちである。

「私は、今日が、初めての仕事です。ここには、今まで来たことは一度もありません」

「信じてください。嘘ではありません」

「右も左も、全く見たことがない景色です」

「本社の送迎車で、ここに連れてこられました」

　後から分かったことだが、以前来たバイトとよく似ていたらしく、すっかり勘違いしてしまったらしい。こうなると社員さんも少しばかり気まずいと見えて、仕事の後半はお客様扱いで気持ちよく指導していただけた。終わりよければ総てよし、である。


　工場内のいたるところに張り巡らされたベルトコンベアの森。その森の中を上に下へとパンの大群が、兵隊さんのように忙しく行進する。その時、どこからとも知れず突然現れた若手社員さんが、

「大丈夫ですか？」

「ちゃんとやってくれないと私が怒られますから」

「しっかりやってくださいよ」と、焦った様子になり、泣きが入る。

私には大《だい》の大人《おとな》を困らせる趣味など微塵《みじん》もないが、今日が全くの初日であり、初出勤だとご理解いただくまでかなりの時間を要した。

ところがプロ意識の強い職人風ベテラン社員さんは、一旦誤解が解けるや否や華麗《かれい》なる職人技を手品師のように披露《ひろう》してくれたのだ。

目にも止まらぬスピードで、指をポキポキ鳴らしながら素早くできたての食パンを「なにがなんでもこの俺様が機械のミスを暴《あば》いてやる！」と、言わんばかりにさっと検品《けんぴん》していくのである。実に素早い。そして、年齢を感じさせない。

更にパンの袋を故意に破り捨て、「このパンのどこがダメだかわかるか？　よく見ていろ。ほら。角がつぶれているだろ」と、得意気《とくいげ》に私の目先《めさき》にぐっと突き出す。

「なるほど」と、私も首を大きく縦にふり、「恐れ入りました」と、わざとらしく思われるほど深く納得する。

私たちバイトの身分では、男女分け隔《へだ》てなく先輩方にいかにかわいがられるかが重要である。このテクニックは教師時代に、生徒の耳にタコができるほど言ってきた。特に特別支援学校《とくべつしえんがっこう》では、口がすっぱくなるほど言い続けてきた。まさかここで自分の役に立つとは夢にも思わなかった。心で「しめた！」とニンマリする。

完璧《かんぺき》な食パンをこの世に送り出しているのはこのオレ様だと言わんばかりだ。そして、彼は食パン作りに情熱とプライドを持ったパンラインのプロである。新しい技が披露されるごとに凄《すご》いとこうべを垂らせば、猛者のごとくまたまた手早くプロの早技を見せてくれる。その業《わざ》にしばらく酔いしれる。

そして、次から次へと出てくる。また、出てくる。あたかもパンの兵隊さんが、長いトンネルから飛び出してくるようだ。それは、軽やかで慌《あわ》ただしい行進だ。そして、いつ果てるともなく限りなく続く。中には勢い余って転倒《てんとう》し床に落ちてしまう元気ものもいる。しかし、それらを丁寧に拾い上げる余裕は全くない。かつて学生時代にスポーツ新聞の発送会社で深夜にバイトした経験があるが、その時の感覚と似ている。また、その時は仕事の合間《あいま》の休息時間になっても、活字に目を通そうとは露程《つゆほど》も思わなかった。

同様に食パンもいつしか時間と共に食品には見えなくなってきた。食堂のサンプルを眺めているような感覚である。人間の慣れというのは凄いというか、怖い気さえする。袋詰めされていないものは、落ちた瞬間に残念ではあるがゴミとなる。

ひたすら私も、完成された食パンの製造月日や潰《つぶ》れを入念《にゅうねん》にチェックする。また、ラインからずれた食パンの向きを素早く整える。もしも、見逃して目の前を通過させてしまったら大変なことに……。緊張と睡魔《すいま》が入り乱れる。それが、深夜の十一時から早朝の五時まで六時間続くのである。それ故に、不思議なことに数時間もしない内に職人さんの仲間入りをした気分になる。

ところがすかさず、「ベルトコンベアは絶対止めるな！ ここからは一個たりとも不良品は出さないぞ。わかったか？」と、小気味《こきみ》よい檄《げき》が飛ぶ。

一つの工程が終了間近になるにつれボルテージも上がり、ベテラン社員さんがニコリと微笑む。若手社員も迷路のように張り巡らされた通路やベルトコンベア下の僅《わず》かな抜け道をひざまずいて潜《くぐ》り抜け、異常がないかと駆け回る。

時折、機械のトラブルを知らせる警告音《けいこくおん》がけたたましく鳴り響く。こうなるとまるで戦場のようだ。荒れた学校生活で非常ベルが鳴り響く光景を連想させる。そして、私のやってやるぞという熱気が暑い工場内を更にヒートアップさせていく。

このようにしてこのフロアの伝統が守られてきたのだと強く感じた。また、ここでバイトをさせていただけることに感謝の気持がふつふつと湧いてきた。全く大変だとか苦しいという感覚はない。実にすがすがしく、楽しい。快感すら覚える。

退勤時、工場の守衛《しゅえい》さんに「今日はどこで仕事をしてきただね？」と、よく声をかけられる。私は元気な声で、「今日は、二階で食パンの検品をしてきました」と、答える。すると彼は、「あ～っ。あすこは元気のいいのが多いからね」

と、教えてくれた。それを聞くと、今まで緊張していた体から力がスーッと抜けていくように思えた。また、膝はがくがくして、足に力が入らずふらふらした。

それでも、「明日も頑張るぞ！」と、辺《あた》りには誰もいない真っ暗な空に、疲れた顎《あご》をぐっと前に突き出し、ゆっくりと家路《いえじ》についた。

聞かぬはバイトの大損《おおぞん》なり

「全然教えてくれない」

「仕事のやり方がわからないのよ」

「社員によって教え方が全く違う。迷ってしまうわ」

「要するに聞こえたふりをすればいいってことよね」などと、仕事を終えて帰りの送迎車に乗り込むや否《いな》や、アルバイトの皆さんから不満の嵐が車中を吹き荒れた。仕事が終わったばかりなので、この手の愚痴《ぐち》が出るのは仕方がないことである。深夜六時間ベルトコンベアとにらめっこで立ちっぱなし。疲れとストレスがピークに達している。おまけに休憩なしで働き続けた結果の言葉に嘘は一つもない。

　私も、いつも仕事が終わると、六十三歳としての重《おも》しがズシリと肩や足にのしかかってくる。それでなくともこの時は、ネムネムは通り過ぎ、クタクタのフラフラである。だからこの時ばかりは、疲れとため息だけが出てくる。

しかし、今日はいつもと違っていた。この日はニコニコ顔で、意気揚々としていた。そして、心の中で「会社も、なかなかやるじゃないか。こんなに素敵な社員を、隠しているなんて。明日も頑張るぞ」と、満足の笑みを浮かべて仕事をすることができた。

この日バイトとして配属を命ぜられた場所は、別棟《べつむね》工場で一階奥だった。私は、三人の社員さんにご指導を——いや指導と言ってもほんの二、三語のアドバイス程度であるが——受けた。だが、明らかに一人の社員さんは違っていた。確かに違う。私が仮に上司《じょうし》だったならば、即座《そくざ》に彼を私の直属《ちょくぞく》の部下にしたと思う。

まず、言葉使いがとても丁寧でわかりやすい。仕事の指示も的確なのでコツがすぐつかめる。彼とペアを組んでいる時間は、作業が実にやりやすい。女性目線からするとイケメンかどうかが重要となるかもしれないが、バッチリとヘアーキャップに頭全体をすっぽり包み込んでいて、おまけにマスクとあっては判定がつかない。しかし、私はイケメンだと信じている。

そして、私の横を通過する時も、風のごとくひらりとすり抜け、決して私の作業の流れを止めることはない。即ちスマートな気使いが感じられるのである。「うん。できるぞ。この人は」と、思った。

この時、私はバイトの満足度はお金の額ではないと悟った。「人だ！」まさに出会った人によって心がウキウキ豊かになり、どんなにきつくて辛い仕事もやりがいのあるものに昇華《しょうか》する事を知った。まさに一期一会《いちごいちえ》の出会いである。

一方、皆様からご批判の噴出《ふんしゅつ》する社員さんも何人かいらっしゃることは否定しない。私もこの手の班長さんや社員さんとは、幾度となく苦戦を強《し》いられてきた。社員さん側からすれば仕方のない一面もあるように思う。お互い様だといえる。

契約社員ならまだしも、バイトとのお付き合いとなると一回限りとなるケースも多い。それに加え、外国人が意外と多い。多言語世界ときている。その結果、コミュニケーションという大きな壁にぶつかる。

「何回言ったらわかる？」

「聞こえていないのか？」

「違う！　違う！　いい加減覚えろ！」

彼らも決して社員さんを無視しているわけではないが意思疎通《いしそつう》は難しい。だからここでは、世界共通である身振り手振りのボディーランゲージを駆使することになる。したがって、これでかなりのエネルギーを消耗《しょうもう》してしまう。

また、バイトも毎日同じ仕事の場所に就《つ》くとは限らない。一応、アルバイト側からも希望の場所は言えるが、会社に行ってみないとその日の仕事内容もわからない。

さらに、その日の各店舗やスーパー等の注文数によって、必要人数も女心と秋の空のようにコロコロと移ろいでいく。となると、当日たまたま配属されたバイトに十数年かけて培ってきたベテラン秘伝《ひでん》の技《わざ》を、おいそれと伝授《でんじゅ》している暇などないのである。立場が変われば私もそうすると思う。

アルバイトの労働契約書によると、一カ月の出勤は週二十時間以内。すなわち深夜勤務であれば三日以内。月八十六時間までで、これまた日数に換算すると十四日以内となっている。更に仕事がなければ、バイトが即時《そくじ》カットの対象となる。これは、バイトの運命であり仕方のない事実である。自由出勤は、自分でシフトが組めてうれしいが、その反面仕事内容は制約が多いと覚悟を決める必要がある。

母の介護を兼ねている私にとっては、貫徹《かんてつ》バイトは好都合だ。親子仲睦《なかむつ》まじく一DKに生活していたが、今はその母も特別養護老人ホームに入所している。小銭稼《こぜに》ぎに安心して通勤できる。「今日は人がいないのでバイトに入っていただけませんか?」と、電話で人事課から打診《だしん》されても、すぐに駆け付けることができる。

当然ながら、その逆もある。人数が足りているとバイトは、いの一番にカットされてしまう。当日お断りの電話を受けないように居留守作戦を決め込んでいる人もいると聞いた。ここでの収入が生活を左右している人々や留学生達にとっては、勤務日数減や待機《たいき》または早退の肩たたきにあったらひとたまりもない。バイト人間にとっては死活問題《しかつもんだい》と言える。この場合は、ひたすら会社からの連絡を無視するのがよい。

そして、日ごろから話しやすい社員さんや先輩方に色々とアドバイスを頂きながら働いている。

私は、「今とても困っています」と、仕事の現場でもトイレの中でも、声を大にして叫ぶことにしている。やはり、御年《おんとし》六十三歳は図太く、したたかに生き抜いていくのがベストだと心得ている。

更に、民間企業にいた経験から、持ち上げ名人になることにしている。昔からゴマは実に体に良いとされている。人間関係においても少しずつ効いてくるから、使わない手はない。決して、急がず慌《あわ》てずゆっくりと。

また、バンバン積極的に質問攻撃でコツを盗み出す。たとえ過去に経験した場所の仕事でも担当者が違えば、ハッキリと元気よく「この仕事は初めてです！」と、教えを乞《こ》うことにしている。

そして、ここが大事と心得ている。「ありがとうございます」と、大きく体全体で感謝を伝える。首を縦に大きく振りながらである。役者になったつもりで。これは、職人気質《かたぎ》ムンムンの社員さんや先輩たちには効果覿面《てきめん》である。教え上手より教わり名人に徹するのである。

聞くは一時《いっとき》の恥聞かぬは一生の恥ならぬ、聞かぬはバイトの大損《おおぞん》と心得る。

これまた、中学校教師時代に子供達によく言ってきたことである。そして、この良き習慣はボクシングのジャブのようにジワジワと効いてくるからやめられない。

新たな発見パン体型

私は学生時代体育学部に籍を置いていたので、野球や柔道などの選手には必ずと言っていいほど顕著《けんちょ》なスポーツ体型がある事実を知っている。

具体例を挙げると、ウエイトリフティング部の学生は肩・胸部が大きく発達し、マッチョである。私もトレーニングセンターで、バーベルの上げ下げをしたことがあるが、胸がどんどん膨らんできた。一方、水泳部の学生は、前胸部《ぜんきょうぶ》逆三角形型のスリムな体型をしている。そして、究極《きゅうきょく》になると手の指の付け根に水かきができるそうだ。また、バスケットボール部やバレーボール部の学生達は、太ももがたくましく発達している。バドミントンに幼少より取りつかれてしまった私は、左右の腕の長さが若干利き腕の方が長い。嘘のような本当のお話である。

では、パン工場ではどんな傾向があるだろうか？　いや、パン体型などあるはずがないというのが普通であろう。ところが、しっかりパン工場にもパン職人の体型があったのである。それは、工場だけのことではない。町のパン屋さんたちにも同様な傾向がある。

ズバリ、一般的には細身体型の人が圧倒的に多い。身長差には特別な傾向はみられない。そして、以下が私の考察《こうさつ》だ。

工場内は真冬だというのに常夏《とこなつ》の世界である。食卓では常温《じょうおん》のパン達も工場では各種の釜《かま》でしっかりアツアツに調理される訳であるから当然といえる。

また、鉄板を扱う場所は意外と多い。そこでは軍手を二重にし、熱にとても強いシリコン製のゴム手袋を使用している。私は、バイトを始めてまだ一年たっていないので本物の暑さは経験していない。しかし、想像以上に夏は暑いと聞いた。シャツの汗が雑巾のように絞れるそうである。今のところは冬なので心配はいらないようだ。しかし、暑い場所には、高さ百三十センチメートル程の大型扇風機が設置されている。その機械はうちわの二十倍の威力はありそうである。更に熱中症対策として冷水機が完備《かんび》され、バイトも社員さんに声掛ければ自由に飲める。そして、この一口が実にうまいのである。命の水だ。

となれば、服装も考えなければならない。ところが、真冬の出勤ではヒートテックの下着でバッチリ着込んで汗だくになって耐《た》え忍《しの》んだ失敗談を聞くことが多々ある。実際に体感して服装を決めるべきである。従って、全身白ずくめの作業着の中は、パンツにTシャツ、くるぶしをしっかりガードした靴下がベストと言える。サウナほどではないが、早朝五時に仕事を終え、工場からバイト従業員用の更衣室までの夜道でネムネムのフラフラ睡魔《すいま》に襲《おそ》われた体中に、水風呂のごとく冷気が走る。「寒い！」と。

これには、サウナの「ととのう」というよりは、仕事が終えたにもかかわらず再度「気合が入る」なのである。

一月十五日。アルバイト五日目にして細身体型のほかに、新たなるパン体型を工場四階の奥まった場所で発見した。

そこは、寝かせてあったであろうパイ生地を、貯蔵庫《ちょぞうこ》より五十枚ほど台車で取り出す場所である。この台車がまたかなり重いときている。一旦動いてしまえばよいのだが、始動時《しどうじ》に力とちょっとしたコツがいる。うまい具合に方向を定めるのに一苦労する。勿論《もちろん》、社員さんはチョチョイのチョイである。

次にパイ生地がパリパリにならないように、緑色の乾燥用シートを手早くペロッと剥《は》がす。そして、ベルトコンベアにドスンと乗せる。それが目線ぐらいの高さなら楽だが、二メートル近く上や足首近くの棚だとかなりきつい。当然、女性には厳《きび》しい仕事の一つだ。同じ作業を六時間となったら、地獄のようである。そして、自分がまるで機械になってしまったような錯覚《さっかく》に陥《おちい》る。いっそのことその時間だけ機械になれたら感情も消すことができるのに……。

その後機械にしっかりプレスしてもらった五十センチ角に伸びた生地を、手際よく別のベルトコンベアに乗せる。いよいよ子供パンの舟出《ふなで》である。

「いってらっしゃい」と、子供パンに手を振りたくなるが、社員さん達はそうはいかない。ばらばらの布地をつなぎ合わせ、魔法の白い粉を素早くかけ、チョコレート色の練り物を混ぜていく。すかさず小走りに機械のてっぺんに付いているじょうろ状の受け口に、柄杓《ひしゃく》で粉を補充《ほじゅう》する。これらの作業をくり返し休むことなく続けている。果てしなく、果てしなく。働き者の社員さんたちには全く脱帽である。今まで、気軽にパンを食べていた私は大いに反省させられた。

「見ればわかるだろ！」

「さっきから見ていただろ。さっさと……」

と、まことに大先輩の仰《おお》せの通りである。辺《あた》り一面にピリピリの緊張感《きんちょうかん》が走る。機械の音がやたらとうるさく感じる。

「はい！　わかりました」

と、ここでは大きな返事のいつものゴマすり術を使ってはみるが、通用する気配はない。仕事そのもので、しっかりガッチリ勝負するしかない。当然ではある。


従って、この場所の体型はパワーがありながら、素早い動きができて、ベルトコンベアの細くて小さい通路もするりと忍者のように動ける、スーパーマン体型の人が多いと理解した。ちなみにコミックスにおけるスーパーマンは、一メートル九十センチ・体重一〇七キログラムであるが、勿論《もちろん》そんな社員さんは一人もいない。

また、体型について面白い発見をした。それは、ある特定の人達だけかもしれないが。

その謎を解くヒントは、「アルバイト急募！」のチラシの中にある。

①パンやケーキを一緒に作りましょう
②パンの試食無料♪♪
③女性専用の休憩室あり

これは、スイーツ好きの女性陣には渡《わた》りに船の朗報《ろうほう》といえる。女性には、男性の私達には理解しがたい別腹《べつばら》なるものが存在するという。女性のお腹《なか》は実に神秘的である。かつて私も母のお腹に十月十日《とつきとおか》ほど滞在していた記憶はあるが、別腹の入口には気付かなかった。お腹については、最近のコロナ禍にあっては男にも別腹が存在しているように思える。男のそれはアルコールのようだが……。

仕事の一時間前からゾクゾクと出勤し、十脚足《じっきゃくた》らずの椅子に座っているのは、女性陣がほとんどだという謎《なぞ》がこのことから解き明かされた。しかし、早く出勤してくる人がすべて試食のパン目当てであるわけはないことを付け加えておく。また、長時間勤務を希望すれば、ゆっくりパングルメが楽しめるというシステムにありつけるから嬉しい限りである。当然だが、お持ち帰りは厳禁！

勿論、これは甘党の男性陣にとっても魅力あるシステムである。私は試食には興味関心はないので、バイト二カ月たった今でも一回も試食はしたことがない。あえて行きたいとも思わない。


そこで、体型の話に戻るが、詳しくは述べない。全員ではないからである。下半身やお腹回りがゆるやかたっぷり体型となっていらっしゃる奥方が比較的目につく程度で……。この問題については多い少ないともハッキリ申し上げにくいあたりで、お茶を濁しておきたい。

一生懸命働いてお金を頂いて、美味しい新発売のスイーツにもありつけるとは、一石二鳥《いっせきにちょう》といえる。

パン工場の体型など本当にあるのかと思っていたが、ある程度は実在《じつざい》していると思う。この体型と気質《きしつ》、性格に関しては、学生時代にドイツのクレッチマーとアメリカのシェルドンの理論という勉強をしたので、ふと思いたった。

私は学者ではないので、これ以上論ずるのは避けることとするが、環境は人に大きな影響を与えることを改めて考えた。また、たかが体型であると締《し》めくくることとする。

気がつけばパンコーナー

「あっ！　俺が作ったパンだ。点数シールはしっかり付いているかな？」

と、思わずひと差し指と声が出た。行きつけの駅前スーパーでのことである。レジ横に居合わせた私が目にした物は、貫徹《かんてつ》バイトでネムネムそして、フラフラしながら検品《けんぴん》した食パンであった。勿論、私が手に取って不良品ではないかと確かめたそれではないが、思わず反応してしまった。包装が同じだったし、点数シールが落ちていないか心配だったので仕方がない。

私の持場《もちば》でチェックして出荷《しゅっか》されたパンであるはずなど到底《とうてい》ありえないと、内心では承知しているにもかかわらず、お客さんのレジカゴの中を見て思わず反応してしまう。レジ係の女性も買い物客のご婦人も私の大きな声に驚き、私の方にじろっと一瞬目線を合わせたが、すぐに精算の続きをし始めた。

「失礼しました」と、心の中で丁重《ていちょう》に謝罪した。

　また、自分がその食パンを全部作った訳でもないのに、一人称扱いしている自分がおかしく思えた。野良猫には何ら感情も湧かないくせに、飼い始めたとたんに、「うちの猫はね～」と、言い始めるのに似ている。パンたちは、私の手によって命が宿った感覚である。

　そういえば幼少の頃、近所の商店街に肉屋さんがあった。その店主は子供が好きらしく、私たちにコロッケづくりを教えてくれた。コロッケ用のステンレスの型にすりつぶした粘土のようなじゃがいもをすりこむ。それを油で揚げるとコロッケのできあがり。出来立てのアツアツを食べる。自分で作ったコロッケのおいしいことと言ったら！　また、五、六個程揚げた私の作品も、店頭に並べられるのである。店を出ても早く誰か買ってくれないかと、気になっていたことをふと思い出す。

　退勤時に守衛さんにスーパーでのエピソードを披露したところ、「きっと今月の給料は増えているぞ」と、笑いながら送り出してくれた。愛パン心が芽生《めば》えたのかもしれない。きっとそうである。

私たちは、日頃習慣の力に、知らず知らずのうちに助けられ生活していることに気付《きづ》く。

「あれ？　部屋の鍵をかけたかな？」

「ん？　電気は消したかな？」

「え？　ガスの元栓は大丈夫かな？」などと、つい心配になって外出先から戻ることがある。この時ほとんどど言っていいほど出来ていることが多い。当然、良い習慣が身についているからだと思う。忘れてしまうのは、認知症の始まりで六十三歳なら仕方がないと言える。ここは、笑って流すことにする。

　ところが最近、今までになかったスーパーマーケットにおけるある習慣が、知らず知らずのうちに身に付いていることに気づいた。その習慣とは、買物を終えたらいつの間にか足がパン売場に向かっているのである。

「ハッ！」と気が付けば、パンの棚に正対《せいたい》している。これは、自分でも驚きを隠せない。そして、ちょっと恥ずかしさを感じる。

　つまり、自分が今までバイト作業で関わった品物がないか確認しているのである。挙げ句の果てに、スマートフォンでしっかり激写する。ライバル店の市場調査員でもないのに。食パンの結び目がどうかとか、売れ具合はどうかとか。特に仕事をした矢先のものを発見した時は、宝くじでも当てたかのように興奮を覚える。

仲間のバイトさんに、私のような経験がないかと聞いてみた所、一笑に付された。しかし、私が十分楽しめているのでイライラすることもなく、「何でわかってくれないの？」などとは全く思わない。あくまでも自分は自分である。だから自分の心が楽しめれば最高に幸福である。単純な男である。

最近は、その趣味も、パソコンのウィンドウズのようにバージョンアップしたようだ。コンビニに入店すると、パンコーナーに直行する。そして、各パン会社の商品を観察する。次に、コンビニとの提携の商品を一つ手に取り、どこのパン会社との開発商品かを言い当てるのである。私の働いているパン工場は大手なので、各種コンビニや百円ショップとコラボしている時がある。だんだんとマニアックな世界に突入しているような気もする。これも、私の性格と言うより、日に日に進化していく習慣である。習慣は、進化成長して私の特性となっていく。

これらは、トランプゲームの神経衰弱と似ている。決して当てずっぽうではない。何せ、確実に私がバイトしているベルトコンベア上のパンたちのことである。食パン、クロワッサン、菓子パンは、形や大きさ、特徴がしっかり頭の中につかめている。従って、すぐ判る。とても楽しく、命中すると快感というご褒美《ほうび》にありつける。お店の中では、なるべく大声を出したり体で嬉しさを表現したりしないように心がけている。他の買い物客から不思議な人に見られるからである。また、防犯カメラにしっかり撮られていることを忘れてはならない。だから、同じ店では続けられないゲームでもある。したがって短時間で済ませるのがスマートと言える。まるで、探偵ごっこのようだ。


学生時代、「人は、環境や習慣で作られていく」と、哲学の教授が言っていた中身がストンと腑に落ちた。どうやら、パン好き人間を過ぎてオタクっぽくなってきた気がする。いつものことであるから一向に気にならない。

一月十五日。バイト五日目だが、今月はこれでお仕事を終了する。ちょっと疲れを感じてきた。来月は、気分を新たにまたバイトに精を出すつもりである。少しばかり仮眠したら買い出しでスーパーやコンビニに、いつもの習慣で出かけようと思う。

ふと気付けば、きっとパン売り場に居るだろう。買うこともないのに……。

たかが用具、されど用具

小学生の頃の荷札作りのアルバイトに始まり、高校生の時には、部活動の前に夕刊配達をしていた。大学生のときは、家庭教師にセメント運び、ホテルでの子守り係に築地市場の店番、更には女子校バドミントン部のコーチに理髪店の頭髪モデル等、時間があれば、アルバイトに明け暮れていた。つまり、アルバイト人間の道をひたすら歩いてきたようだ。今、気がついた。

大学生の時は、授業が中心の真面目な生活とバドミントン競技に明け暮れていた。したがって、バイトは、夜中の日払いの類《たぐい》が多かった。中学時代から母子家庭であった私は、入学金と年間の授業料だけを仕送りしてもらっていた。残りはバイトで補うしかなかった。しかし、有難いことに特別奨学生としてお金を頂いていたので、なんとか卒業までがんばることができた。勿論、たくさんの方々のお力添えがあったことも大きいし、感謝している。

学業もスポーツもアルバイトも必死だった。従って、説明がなくてもすぐ仕事に取りかかり、早くコツを見つけ出す必要があった。

パン工場においても、その精神や考え方、そして、取り組みは変わらない。貪欲に先輩達を観察し、しまいには自分流の方法を模索《もさく》しベストな手順を確立していく。そこに快感すら覚える。発見大好き人間である。

少し意地悪な言い方かもしれないが、他人様が苦しみもがいている様も冷静に分析することができる。

「やっぱりそうだ」と、自分がやってみてニヤニヤ悦《えつ》に入《い》るのも好きである。

「あなたはSでしょう」と、よく言われる。

「いいえ。守りが好きですよ」と、はっきりと答えることにしている。バドミントンの試合では、チャンスであってもすぐスマッシュで決めず、大きく後ろに打ち返したり、前に小さく走らせたりする戦法が多かった。やっぱりSかな？

まずは、先人の仕事術やそこでのやり方やコツをしっかり聞く。その後、より効率の良い方法を発見しても、社員さんにはすぐ言わないようにしている。まず、自分なりに反省と検証《けんしょう》を繰り返す。そしてよりベストな方法を見つけ出す。こんな具合なので、仕事の終了近くになってからその日のコツをつかむことが多い。これでは困るのだが……。

私は、ラケットやシューズなどの道具を使うスポーツのアスリートだったので、この工場にある用具は、とても興味があり参考になる。

「なるほど。そういうことか」と、仕事をする度に、心から大いに納得している。その筆頭《ひっとう》が工場内で履いている白いピカピカの上履きである。私はとてもこの「魔法の靴」が気に入っている。定価は一八〇〇円也。入社時に各自が強制的に購入させられるが、会社でその中の八〇〇円は負担してくれる。誠にありがたいことだ。つまり、残りの千円は給料からの天引きだ。しかし、たとえお金を負担しても自分の命を守り、効率よく仕事が行えると考えるとお得と言える。そのことが理解できない人々には、負担以外のなにものでもないかもしれないが……。とにかくこの白い上履きは使いよい。

白い靴というと幼児用のズックをすぐさま連想するかもしれない。また、若い人には少し野暮ったいといえるようで、私の「いいね」に、同調する人は一人もいないのは残念に思う。しかしながら、このホワイトシューズは、社交ダンスのように軽やかにステップやターンが自由自在にできる優れものなのである。陸上のスパイクとは明らかに違い、カーリングの選手のように、スーッと目的地に滑り込みながらたどり着くこともできる。ボーリングのシューズに似ているとも言える。しかも、かなり軽いので長時間の立ち仕事にはうってつけときている。更に靴紐がないので履き替えやすい。着脱良好《ちゃくだつりょうこう》で、やはりマジカルシューズだ。

　私は、普段のお洒落と競技スポーツは足元が肝心だと強く確信している。前者は、恥ずかしながら最近気が付いた。しかし後者は、スキーとバドミントン、陸上の経験から痛いほど経験済みだ。スキーは、靴がフィットしていると正しく板が押せる。バドミントンは、素早くストップやターン、ジャンプができる。そして、陸上は、軽やかに、そして力強く大地をとらえることができる。
「お疲れ様。今日も君のおかげで助かったよ」と、帰宅してからホワイトシューズに声をかけてあげる。

次に、靴底に詰まったパン屑を爪楊枝で取るのが日課となっている。使い終わった後のメンテナンスは重要である。歩けなくなったら仕事も人生も終わりなので、足元のケアは欠かさない。

靴もさる事ながら、仕事用グローブも注目すべきアイテムの一つだ。それらは、軍手にゴム手袋。特殊な素材のものも用意されている。

まずは、軍手。なんの代わり映えしないどこにでもある軍手だ。一応小さなイボイボの滑り止めが付いている。問題は枚数である。鉄板や釜などの熱い作業時は、二枚重ねて使用するように指示が飛ぶ。更に熱い作業は、三枚重ねといきたい所であるが、どうやら二枚が限界のようだ。三枚だと指の自由がきかない。六時間も作業をすれば、それは汗と油でグニャグニャになってしまう。そして、気分も萎えてくる。使用できそうなものは、現場で洗濯して再利用している。

「手袋君、私の手を守ってくれてありがとう」と、声かけしている。

しかし、もっともっと熱い作業では、社員さんからこれを使っても良いと言われている秘密のグローブがある。それは耐熱《たいねつ》手袋である。シリコン素材でプロ仕様のものであるらしい。ちなみに私は手が小さいので、一度しか使ったことがない。重くて、大きくてブカブカだからだ。

個人的に手袋は、普段から慎重に時間をかけて選んでいる。足も二十三・五センチとかなり小さいが、手も男性としてはかなり小さく指が太い。また、指の第一関節が短い。靴は男女兼用で困らないが、皮の手袋などは五年から十年ぐらいかけて、自分に合ったものが出てくるまでじっと待つことにしている。待てば待つほど楽しみが増えるという私なので、待ち時間で苦にはなることは一切ない。

また、パン工場で必須の手袋といえばゴム手袋である。サイズはS・M・Lの三種類が用意されており、最初Sを使用した。ところが、トイレのためにゴム手袋をぬいだら、水分が手に残っていたらしく、はめる際破けてしまった。Sサイズはジャストフィットしていたが、現在はMで落ち着いている。

本当は、素手《すで》が一番だということは私もベテラン社員さんも知っている。しかし、衛生面を考慮して作業を行う場所において、素手は厳禁である。このゴム手袋は、業務用として一日で使い切るのでいつも清潔だ。「もったいないな」と、節約家の私としては、いつも思ってしまう。

また、クロワッサンやパイなどデリケートな食品を扱う場所では、極薄仕様《ごくうすしよう》のゴム手袋を使う。外科医を連想してしまう。そして、サイズもこれまたS・M・Lと、揃っている。

過去に選手や指導員として数々の経験をしてきた。当然ながら結果には天性や遺伝が大きな関わりを持ってくる。勿論、努力が一番大切である。努力と結果ははっきりと比例している。また、それに加え運も必要である。

しかし、用具の重要性も十分経験してきた。ラケットやスキー板。更に掘り下げていくとラケットに巻き付けるグリップテープやスキー板に塗るワックス。用具や道具を使うスポーツでは、最後はこの辺《あた》りで差がつく。場合によっては、命にかかわる時もある。たかが用具、されど用具である。

たかが用具と一般的に思われがちだが、質の良い結果を求めれば、されど用具に行き着くと力説したい。そして、同じ仕事量でも楽になり、体力の温存につながる。高齢者である私が、深夜に休息なしでネムネムフラフラしながら六時間働き続けるために、これからも用具にはトコトンこだわっていきたい。

急げ、トイレだ。緊急事態《きんきゅうじたい》！

「やばい、まずいぞ、大変だ！　トイレ、トイレだ！　トイレはどこだ？」と、私は、無我夢中《むがむちゅう》になって走り回った。股間《こかん》に意識《いしき》を集中しながら、我慢に我慢を重ね便所を探しまくった。とにかく必死だった。駅とは勝手が違う。皆目見当がつかない。

なにせ、バイトを始めて八回目を迎えたばかりである。普通の仕事場なら、これくらい通えば、目を閉じていても簡単にトイレに行けるだろうと思われる。ところが、そうは問屋が卸《おろ》さなかったのである。股間をよじらせて、耐えるしかない。当然着替えの下着はない。

「なぜこのような状況に、私は置かれているのだろうか？」と、考える余裕すらない。

初日から本社の工場ではなく、送迎車に乗せられて七、八分の所にある別棟《べつむね》工場に連れて行かれた。土地勘もない。最初は二階。次の日も同じく別棟工場だが、今度は一階。そして、三日目は、なんと乗用車に乗せられ湾岸《わんがん》の倉庫でのお仕事となった。さらに、四日目と五日目は、マイクロバスで二十人位が乗り込み、三十分位走った所にある物流《ぶつりゅう》センターでお仕事。そして、一月の一回目の仕事場は、別棟工場の一階に始まり、二回目は別棟工場の四階。そして、今日の八回目の場所は、別棟工場の四階である。仕事場が日替わりで、実にバラエティーに富んでいて、全く今どこにいるのやら？

こんな調子なので、避難経路《ひなんけいろ》どころか、便所の位置も覚えられるはずなど到底ない。四階は二度目なのでトイレの位置は何とかなるかと思いきや、前回案内された場所を通り過ぎ、その奥の奥へと連れていかれた。そこは、初めて見る機械類や、台車、ベルトコンベアで仕切られた通路をかきわけながら到着した場所なので、用を足した後は一人では帰れそうにない。心細くなってきた。深夜は、それに加え働いている人が極端に少ない。と、いうよりは、どこを見ても人が居ない。また、こんな時はやけに、機械の音が耳に突き刺さってくる。不思議なものだ。

そんなわけで、仕事が始まる前から常にトイレの場所が無性《むしょう》に気になる。気になりだすと、仕事が上の空になってくる。六時間ぶっ通しの勤務の私には、原則トイレ休憩はない。契約書にもハッキリと休憩なしとなっている。のどがカラカラになった時の、ありがたいほんのわずかな冷水機《れいすいき》タイムと、尿意《にょうい》をもよおした際、社員さんに申し訳なさそうに申し出る時の往復が唯一《ゆいいつ》の休憩?タイムだ。そのような契約を交わしたのだから仕方がない。

世の中、悪い事は重なるものである。別棟工場は六階建てで、工場の特異性からなのかトイレは、六階、三階、一階にしか設置されていない。しかも、三階と一階は小さく、暗黙の了解で社員専用となっていると教えられた。

「えっ！　そんな?」

「そんなことは聞いていないよ」の世界である。しかし、生理的欲求はどうすることもできない。

そこで、仕事前には皆さん六階に直行し、まずトイレをしっかり済ませてから自分の仕事場へ向かう。私は、仕事前の無駄な水分は一切《いっさい》取らないようにしているが、退勤時の夜明け五時まで、パーフェクトに尿意を我慢できた日はない。最低でも一、二回はトイレのお世話にならざるを得ない。

本来、方向音痴ではないが、工場内はトイレへの案内板や矢印がある訳でもなく、ましてや地図のようなものも一切見あたらない。いざ、トイレとなるとその場所で目的を達成するために、ひたすら急ぐこととなる。

「急げ、トイレだ。緊急事態！」と、ひたすら小走りでトイレを探し回る。

この一連の状態を緊急事態と言わずして何と言うべきか。だから、バイト受付所で勤務場所を告げられるやいなや、仕事のことよりもどこにトイレがあるのだろうか？と、思案することになるのである。


決して悪用《あくよう》する訳ではないのだから、私としては、工場内の各階の地図なる代物《しろもの》があり、トイレはここにありますと、はっきり明記《めいき》されていると助かる。今後継続して仕事をしていれば、目を閉じていてもトイレに行けるようになるとは思うが、初心者マークが取れないうちはかなり厳しい。

生き抜いていくためには、生理的欲求は一番に優先すべき課題だと、常日頃から自分に言い聞かせている。

おかげさまで、最近は自然にトイレの位置が頭に入ってきた。新人さんとペア組んでいるときは、自分の苦しい経験から進んで声をかけてあげるようにしている。私だけではなく、工場全体にこの思いやりの雰囲気が、漂っていると思う。それは、外国人労働者に対しても同様である。お互い様の気持ちは、してもされても爽《さわ》やかだ。そのような助け合いの伝統がこの工場には根付いているということである。

まことにありがたいことである。明日からは、膀胱炎《ぼうこうえん》を心配せずに働いていけそうである。

今日は、嬉《うれ》しい給料日

「神様〜」と、私はしっかり顔の前で手を合わせ、顎《あご》を天に向けてすこし突き出し真剣に念じた。

「給料が入っていますように」と、心の中で繰り返す。当然会社との約束であるから、一月十日にバイト代は入金されているはずなのだが、記帳《きちょう》の確かな数字をこの目で実際に確かめるまでは、決して信じることはできない。私は誰よりも、疑い深いのかもしれない。

しかし、この自分の性格は気に入っているし、この行為は継続《けいぞく》に値《あたい》すると思っている。信じる者は救われる。入金を信じる者は、必ず入金されている。当たり前のことに願をかけるのは、意味がないといわれそうだが逆で、安心が一つ増えると私は考える。

今の若い人たちは、インターネット時代よろしく、目に見えない情報や数字の世界に大変強いと思う。うらやましい限りである。カード決済なるシステムはとても便利のようであるが、私は、可能な限りお世話にならないようにしている。一見楽そうに見えるが、人間の入力ミスや、時には横領《おうりょう》という犯罪も影を潜《ひそ》めていると真面目に思っている。

実際に、以前にもこの会社でミスがあった。人間に失敗はつきものだし、失敗は成功の母だとも言う。問題は、失敗の後の態度や行動にあると思う。ミスに対しての会社からの報告とお詫びは事前にあったので安心している。それも、正式な文章での謝罪であった。さすが大企業である。


昔、公務員だった頃は、給料日に自ら事務室に出向き、白く厚い中身がどこからも見えない封筒に入った現金を手渡しで頂いたものだ。ああ、なんと懐かしい思い出だろうか。中学校勤務時代の同僚の中には、その封筒からすぐさまお金を取り出し、小銭はズボンのポケットに突っ込み、お札は胸ポケットに二つ折りにしてそのまま授業をしていた強者《つわもの》もいた。

しかし、本当の彼は小心者であることを私は知っていた。当時学校は荒れていたので、今振り返ってみると彼の気持ちがよくわかる。夜になると、そのお金で繁華街《はんかがい》を飲み歩いていたらしい。

さて、給料明細《めいさい》という洒落《しゃれ》た代物は、この会社には無いようだ。しかし、昔と違い給料日前に、稼いだ金額は簡単に知ることができる。私のＩＤ番号とパスワードなるものをスマートフォンに入力するだけでよい。実にありがたいことだ。外国人留学生や日本の学生達は、機械操作は手慣れているので何ら違和感なくすんなりと順応《じゅんのう》できているが、テレビ世代の私達高齢者には、かなりハードルが高いと言える。ガラケー人間はいるし、家族に持たされているお守りスマホでは、自由自在に給料明細を検索することができない。また、面倒も手伝って、記帳を待つのが無難と考える。

なんとも大変な時代になったと言えそうだが、私はなんとかやりくりできている。それは、パソコンもスマートフォンも、新しい道具が出るや否や飛びついてきたからである。自分で言うのも恥ずかしいが、時代を先取りする目は、誰よりもずば抜けて鋭い感覚が備わっていると自負している。ご先祖様に感謝しなければならない。そして、有難いことだと常日頃から思っている。

「待てば待つほど楽しみが増えてよし」と、ポジティブに考える私は、数字を実際に見るまでのドキドキ感がたまらなく好きである。どうやら私は物事がすんなりと上手くいくよりも、困難という試練《しれん》を背負《せお》いながら進んでいくのが好きなタイプなのかもしれない。そして、人生を夢多きドラマと考え、大いに楽しむことに決めている。今日が、その日である。

「あっ！　四万七四二六円だ」機械から押し出された通帳を両手でそっと前後に開き、ジッと見入った。

「ホッとした」が第一で、ホワイトシューズ代が天引きされていることや、交通費が正しく加算されているかは、この時点ではどうでもよかった。一月は五日間働いた。従って一日六時間労働したことにより、五日で割ると一日当り九四八五円となる。つまり、一日働いての手取りは、九五〇〇円だ。すこぶる上機嫌《じょうきげん》である。


このペースで稼いだとすると、実に月三十万円の手取りという夢の計算式ができる。しかし、そううまい話はない。勤務希望日調査表の右端に記載されている、長方形の囲みの中を再度読んでみる。そこには、太文字で一カ月の出勤は週二十時間以内で、しかも月八十六時間とある。ということは、バイトの私達は、いくら働きたいと望んでもその意は叶わない。厚い壁が立ちはだかっているのである。人生は、自分の思い描いたようにはなかなかいかないものだ。勿論、このこともしっかり承知している。

バイトは、バイトである。正社員とは当然ながら違う。もっと突っ込んで考えれば手厚い福利厚生《ふくりこうせい》は望めない。またまた、当然である。また、社員は責任を問われるが、給料で報《むく》われる。

一方、契約社員は、自由に花から花へ移動するように多種多様な会社を渡り歩く。イヤなら即時退職して転職できるが、長くいたいとなると、優等生を演じなければならない。これまたつらい立場にあるように思える。そして、私達バイト族は気楽で高収入と感じられるが、保障面を考えると不安が尽きない。真っ先に首を切られるのは、私たちである。つまり、一長一短と言える。

今は、私にとってどうかである。その点、実に今のポジションがあんばいがよい。現在は無職で母の介護中の私なので、収入は年齢に応じた特別支給の老齢年金《ろうれいねんきん》だけである。そして六十五歳の年金受給まで、あと一年はある。従って、現在公団に住んでいる私は、毎月若干《じゃっかん》の赤字運営を強《し》いられている。しかしながら、介護をしている関係上、おいそれと正規で働くことは難しい。よって、このパン工場のバイトのチラシが、私と母を救う助け船となった。まさに、この仕事は渡りに船となった。運が良いとしか言いようがない。ゆえに、神様は、いると信じている。

アルバイトを始めた当初は、十二月のクリスマス募集の短期限定と考えていたが、現在は、細く長くチマチマと継続していきたいと考えている。これは、地道《じみち》にコツコツとやり続けて物事を成し遂げる性格の私には、ピッタリだと確心している。いつも、私はウサギと亀の話では、後者をイメージすることにしている。たとえゆっくりでも、確実に自分の決めた道を歩き続けていきたい。

毎月提出する書類に勤務希望日調査表とアルバイト雇入時労働条件通知書《やといいれじろうどうじょうけんつうちしょ》兼《けん》

労働契約書《ろうどうけいやくしょ》がある。この二種類の書類を毎月二十日までに外国人労働者も必ず提出しなければならない。日本人労働者はその点はよくわきまえているようで、ほとんどトラブルらしきことはない。ところが、外国人労働者の中には、アルバイトは受付に並べばすぐに仕事ができるものと安易《あんい》に考えている人がいて、当日になって書類不備《ふび》で困っているのをよく見かける。仕事に対する捉《とら》え方の違いによるものだろうか？　ここでは、深くは考えないことにする。それは習慣の違いだろう。

私は、仕事の内容について、毎月確認することは一見すると面倒に思えるが、とても重要で意義のあることだと考えている。また、実践《じっせん》している。

何故《なぜ》なら、ここの工場での時給は、月ごとにころころ変わるからである。ちなみに、十二月のクリスマス前は、繁忙期《はんぼうき》にあたり、時給一六五〇円、しかし、一月十五日までは、時給一五〇〇円、更に、一月十六日以降は一三一三円と、初めと、三百円以上の格差が生じている。

お金の事をあれこれと考えだすときりがない。欲の泥沼に入り込んでしまう。

だから、適当なところで手を打ってしまうとストレスを感じない。お金については、宵越《よいご》しのお金プラスお小遣いが少々あればいいと思っている。チャップリンも同様なことを言っていたと思う。また、私の友達には、似た考えの人が多い。

「アルバイトだから深く考えてもしょうがない」のつもりで、この先もパン工場とつき合っていきたいと思う。いや、今の私には、パン工場のバイトは生活基盤《きばん》のベストパートナーになっている。有難いことである。感謝、感謝である。

むしろ、金額よりも生活のリズムが大切と心している。また、社会の役に立てているという満足感も重要だと思う。一生懸命六時間集中して、ゆっくり、そしてのんびり体を休める時間の保証が、今は必要である。そう、自分の自由時間が思い通りに得られるところに、現在のバイト人生の落としどころがあるような気がする。

第二部　パン工場はワンダーランド

そこまでやるか消毒三昧《ざんまい》

「おはようございます。今日もお世話になります」と、守衛《しゅえい》さんに元気に挨拶を済ませると、マスクをスーッと顎のあたりまで下げ検温をする。この体温測定場所はアルバイトにおける最初の関所《せきしょ》となる。と、言うのは、今まですんなりと通過できた日は一日もないからである。

体温測定器は「コロナ感染者や不審者《ふしんしゃ》は一人も通さんぞ！」と、言わんばかりに鵜の目鷹の目で立ちはだかっている。どうやら、私のメガネが測定の障害になっていたようである。

だから、機械の前に立つといつもきまって、「測定できません！」と、冷たくあしらわれた。すかさずサッとメガネをはずしてみる。すると、守衛さんが心配そうに半身《はんみ》になって覗《のぞ》き込んでくる。彼が来ると、不思議に問題は解決する。

「三十五度二分。ひえ～っ！　いつもより低いぞ。今日はかなり冷えているからな」

と、悪戦苦闘《あくせんくとう》の末に次の関所へスタスタと向かう。

第二の関所は、守衛小屋を右に曲がったところにある。そこには、三カ所の手洗い場がある。私は一番奥の場所を使うのが習慣だ。まず、防寒用の手袋をぬぐと、左小脇にギュッとそれを挟む。次に、右の手のひらをグッと上に返し、消毒用の洗剤をシュッと手早く乗せて丁寧に洗う。目の前辺りにたくさんのそれらに関わる注意書きがある。しかし、二日目以降は読んだ記憶がない。また、見ている人を見たこともない。

勤務初日に、耳にタコができるほど丁寧に説明を受けるが、サッと済ませてしまう人や、中には寒さや時間がないためか、素通りする人も見受けられる。しかし、社員さんならまだしも、通りすがりのバイトの身としては、余計《よけい》なことは言わないのがベストだということは十分に自覚しているので、黙認《もくにん》することにしている。どこかで、カメラ越しに見られていると思いながらも……。

また、このコーナーでは、手洗いの後にうがいをすることになっている。左足で自動うがい機のペダルをソーッと押し、水量を微妙に調整しながら口に液を貯める。

「今日は、メガネを濡らさなくてよかった」と、独り言が出る。そして、目をカッと見開きうがいをする。このうがいは、個人的にはたいへん気に入っている。それは、後味がミントのようで爽やかな気分になるからである。ネムネムで出勤した頭の中まで、スーッとうがいできた感じがする。

手洗いとうがいを終えると、バイトの受付所に進む。これらの流れは毎日同じなので無意識の行動パターンとして、脳に組み込まれている。当然のことではあるが、悪いパターンが身につく人もいるようだ。私は、何事も初めが肝要《かんよう》と心得ている。しかし、人間は、いつも楽をしたい生き物なので、良い習慣が身につくまでは意識するしかないと思う。おかげさまで、この手のことで苦労したことはない。ご先祖様に感謝しなければ。

かつて私は、中学校教員時代に特別支援学級《とくべつしえんがっきゅう》と、三年間だけではあるが特別支援学校に勤務していた経験がある。その時、職場実習で幾度《いくど》も野菜のパック詰めや弁当などの食品関係の工場へ児童や生徒を引率したその時もパン工場と同様で、流れ作業が多かった。

そのような関係で何となく仕事の予想がつくので今回は助かったが、ここでの仕事が初めての人や留学生さんは慣れていないので、仕事の内容やベルトコンベアに慣れるのに大変だと思う。しかし、大変をいくら並べてもきりがないので、やるしかない。だから、みんなもそれを百も承知と言わんばかりに淡々《たんたん》と仕事に取り組んでいる。立派である。私も見習わなければならないと思う。

服装も、消毒同様手厳《てきび》しいチェックが社員さんから入る。これまた、食品関係の仕事は至極当然と言える。生徒たちに、放課後までかかって手取り足取り指導したことを思い出す。

まず、頭にヘアーキャップなるものを被《かぶ》る。髪の毛がパン類に混入しないようにするのが目的だ。よく前髪や後ろ髪が出ていて、受付時に社員さんから注意を受けている光景《こうけい》を見かける。髪の毛の長い人は苦労しているようだ。私はといえば、中学一年以来ずっと、坊主かスポーツ刈りを通しているので、全くもって問題はない。ところが、先日首元を指差され何ごとかと尋ねたら、「襟が立っているよ」と言われ、苦笑しながら直した。

そして、その上に会社指定の小さな可愛いひさし付きの帽子を被る。更にマスクとあっては、男女の判定は、おいそれとはつけられない。そこで男性陣は上着の両脇に青く太いストライプが入っている。片や女性群のそれは薄いピンク色である。作業着に身を包めば、どんなピチピチギャルの皆さんも一瞬にして給食のおばさん。いや失礼、パン工場の粋な女性に変身してしまう。

ここで一つ困り事が発生する。服装の統一はご立派で良いのだが、一体どの人が社員さんなのか。また、所属場所の班長さんなのかさっぱり見当がつかない。見当違いの相手に見当違いの質問を浴びせてしまうことが度々《たびたび》ある。まあ、その時は笑ってごまかせる「バイトの特権ですから」を、フルに使うことにすれば良いわけである。

別棟工場入口においても、消毒ボックスなる箱に手を差し入れないと扉は開かない。だから、内弁慶《うちべんけい》を装いながら、皆さんの後からそっと入ることにしている。人のふり見てそれに従えである。また、決して前の人を見失わず、離れないように玄関の分厚いガラス戸を押し入り、頑丈なビニール状の二メートル位の暖簾《のれん》を掻《か》き分《わ》け進む。それが、結構重い。

次に、外履《そとば》きをアルバイト専用のゲタ箱に入れ、内履きであるホワイトシューズに履き替える。それから、六階へ。エレベーターにて本日の仕事場受付所に直行する。そして、仕事前の必須事項《ひっすじこう》のトイレを済ませる。その時も、入り口で消毒。出てまた消毒する。そして、製造ラインへ突入《とつにゅう》する運びとなる。

今日は、一月になって初めての別棟工場での仕事。場所は四階のミニクロワッサンや最近人気のチョコバージョンを製造する場所だ。不安と少しばかりの期待を持っての仕事となった。

超ベテラン経験者の女性バイトさんにピッタリ寄り添ってもらい、四階にてエレベーターを降りる。薄暗い通路には、パンの台車が無造作に立ち並び、不気味な迷路入口を思わせる。厚くて重そうなドアの内側にすぐ手洗い所が待ち受ける。さっそく、アルコール消毒用のボックスに女性が両手をゆっくりと奥深く差し入れる。入れ方が浅いとアドバイスを受ける。二回目の時にその理由——手を奥まで差し込まないと消毒液が出ない——がわかり納得した。

色々なこの工場での決まり事は、一度に理解することは難しい。それ故、経験あるバイトさんから見習いバイトに口伝《くちづた》えに伝承《でんしょう》していくのがこの工場の伝統となっている。私は、この習慣がとてもお気に入りである。

突然、ノロウイルス対策という注意書きが目に飛びこむ。ふり返ると小さな一メートル四方の部屋がある。女性バイトさんに手招きされ、今日は二人仲良くその小部屋に入室すると、四方八方から空気の機関銃攻撃《きかんじゅうこうげき》を受ける。

これが噂のエアーシャワーである。十秒ほど全身を空気の風で清めた後、出口のドアが開くのをジッと待つ。この時間が微妙に長く感じる。止まってしまったエレベーターに男女が無言で助けを待っているようなものである。悪いことなど何もしていないのに、なぜか気まずい空気が漂う。早く消毒を済ませて出たいと思う。

すると、突然静かになって、小部屋のドアが開く。出て右が本日の仕事場で、左側が菓子パンと看板にある。そして、次に青い薄手のゴム手袋をはめる。

「ちょっと待って！　まだ手袋付けてないから」と、ハッキリと社員さんにアピールする。ここでの仕事はかなり速く感じる。みんなの動きもきびきびしている。まだ、何もしていないのにそわそわしてくる。そして、社員さんであろうが、先輩のバイトさんであろうが、「初めてです」をハッキリ言うことが大切だ。これは、この工場で生き残るコツだと思う。しかも、大きな機械音に決して負けてはならない。

どうやらここでは、ベルトコンベア作業の補助をするらしい。茶色の可愛いクロワッサン達が次から次へと目の前に現れる。小人さんのように体をブルブル震わせながらの登場である。初めましてと挨拶する。とても可愛く、思わずほっこりしてしまう。

「エッ。また、消毒するの？」

実にこの日は、出勤してから六回目の消毒である。まさにあの手この手の消毒三昧だ。いまだもって仕事をしていないのに……。

ここまで完璧であるなら、ホワイトシューズの消毒もあってもいいような気がする。そう思いながら家に帰りつき、今は、喉をビールで七回目の消毒している。

伝統《でんとう》引き継ぐ先輩《せんぱい》文化

「野村さん、どんどん先へ行っちゃダメですよ。皆さんは、あなたより先輩なのですよ。いいですか？『行きましょう』と、皆さんに声を掛けられるまで、待っていてくださいね」と、ベテラン運転手さんから、送迎車に乗り込むや否や釘を刺された。どうも私は、教師魂がいまだに抜けきっていないようである。すぐに、先頭に立ちたくなる。この点は、反省しなければならないと思う。

そして、幼少の頃より体が小さかったので、はじめのうちは様子を窺《うかが》いながら慎重に行動するようにしている。ところが、一旦要領《ようりょう》がつかめれば、どんどん自分からアプローチしていくタイプである。また、そのコツさえつかめば、スピードアップはお手の物である。むしろ、そうなると周りからストップがかかることも多い。したがって、ゴー。ストップ。反省を繰り返すように心がけている。ひょっとすると、ワンちゃんの躾《しつけ》に似ているかもしれない。私が戌年であることとは関係ないとは思うが。

二月に入り、バイト生活も三カ月がたとうとしている。このあたりになると、車の運転同様思わぬ事故が起こるものである。勝手知ったる他人の家のように振る舞い始めていた私にとっては、天からの声だと実感した。天からの声ならぬ、ありがたい運転手さんからの声である。他人からのアドバイスや意見は、年齢を問わずしっかりと聞くようにしている。

実は二月三日のことであるが、できたてのロールパンを鉄板ごと取り出し、ベルトコンベアに乗せる作業中に、左手首に軽いやけどを負ってしまった。勿論、いつもより高熱作業になるため、念入りにしかも三重に手袋をガッツリとはめていた。いくら万全でも事故は起こる。壁に大きく貼り出されていた「安全第一」の文字が頭をよぎった。

「熱い！　やってしまった」

作業の遅れを取り戻そうと急いだため、上着の袖が機械の一部に引っ掛かって、肌が剥出《むきだ》しになったのだ。一瞬、何とも言えぬ違和感を覚えたが、気にかけずそのままやり過ごしてしまった。こんな時が危ないことは百も承知なのだが。

やはり嫌な予感は的中した。仕事帰りの朝風呂で、一センチ程の水疱《すいほう》ができているのに気づいた。その部分にチクリと刺激痛が走り、湯船に左手だけ入れられず万歳入浴する事態となった。

翌日になって、バイト受付時に社員さんに報告すると、眉を顰《しか》め迷惑そうに早口で、昼に会社へ連絡を入れるように言われた。

指示通りに、二日後人事課へ電話をかけた。事故が起こった時にその場に居る社員に報告するようにと、マニュアル通りと思える説明があった。私としては、そんな通りいっぺんの話などはどうでもよかった。その時は、何事もなく仕事を続けられたのだから、連絡が遅くなるのは仕方がなかった。

しかし、かつて管理会社に勤めていた時の研修で、労務災害《ろうむさいがい》は自分で判断し、勝手に病院へ行かないように強く言われていた。そして、呪文《じゅもん》のように「労災隠しは犯罪です」と、教えられていたので確認しておきたかっただけのことである。

これらの対応により、私の働いている工場は立派な会社であると再認識することができた。雨降って地固まるである。

それより、二週間たった今、ハッキリ以前より鮮明に赤くなっている傷口を見て、残念ではあるが、昔の自分ではないと納得しなければならなかった。そして、重ねて手袋をしたから安全ではなく、三重にも手袋をしなければならない危険性を伴う作業であるから、慎重に安全にと心得るべきであった。不覚である。

何事においても、失敗は成功のもとと言う。数日前、機械の雑巾《ぞうきん》がけをある社員さんから頼まれた。

「このボックス内には手を入れるなよ！」と、強い口調で何度も言われた。箱の中をそっと覗《のぞ》き込むと、ギザギザの直径三十センチ位の電動のこぎりの歯が見えた。

「これにやられたら、ひとたまりもないぞ」という思いが脳裏《のうり》をかすめた。いずれにしても、先輩方のアドバイスはありがたく聞いておきたいものだ。

この先輩という響きは実に心地よい。高校生時代に、よく下級生から「先輩、先輩」と、声かけされたことを思い出す。私は、バドミントン部に籍を置いており、夏には、男女そろって楽しい合宿をした。お昼は、女子部員の手作りご飯に舌鼓《したつづみ》を打ったことを思い出す。それらは、どことなく懐かしくもあり、こそばゆい気分になる。

ほんの一年前に彼女たちよりも先に入部しただけだというのに……。しかし、そのように呼ばれると悪い気はしないし、背筋もピンと伸びるから不思議である。

「お願いします。野村です。今日も一日お世話になりました。楽しくお仕事をさせていただきありがとうございました」と、大きな声で守衛さんに元気よく挨拶を済ませた。そして、本社行きの送迎車に乗り込んだ。三人掛けの後部座席に座ると、左側に中年風のベトナム人男性が、右側にはインドネシアからきた留学生の男の子が居た。二十四歳だと名乗った留学生は今日が初めてで、力仕事ばかりだったと目をパチパチさせながら話した。彼とのほんのわずかな会話から、型の油塗りの仕事をしたのだとわかった。その仕事は、六時間立ちずくめで、八個が一つにまとまった五十センチ四方の重いパン型に、油をハケで塗る。その型を孤独にひたすら台車に積み上げるものだった。女性にはかなりきつい仕事だ。私は、逆に半分寝ながらできるので好きな仕事の一つだった。リズムが一定でパターン化されているからだ。

要するに、ここでは女性陣から好かれる仕事と、男性陣から人気の仕事に大きく分かれていた。男女には、体力の違いがあるので当然といえる。

「よく頑張ったね、色々な仕事があるから、次は力仕事とは限らないよ」と、顔の前で大きなバツ印を両腕で作り、彼の労をねぎらった。運転手さんが軽く頷いたように思えた。後から気がついたのだが、三カ月目にしていつの間にか私も立派な先輩バイトになっていることに気付いた。その日はベトナム人の男性には話しかけることはできなかったが、もし、次回も一緒になったら積極的に声掛けをしていきたいと思った。

そして、立派な頼られる日本の先輩になりたいと思う。

博士《はかせ》と神棚《かみだな》

「あれ、こんな所に経営方針の文言なんてあったかな？」

「確か、春に入社した新入社員さんたちのニコニコ顔の紹介パネルはあったと思うけど？」

　私が、ただの壁だと記憶していた場所に、荘厳《そうごん》で、大きなパネルが存在していた。そのパネルは、両手を開いたほどに大きかった。まるで小学校の体育館に張り出された校歌のように堂々としていた。そして、会社の歴史が脈々と受け継がれてきたことが、それらからしっかりと感じ取れた。

　この前文を読んでいくと、経営方針は、前向きで積極的な某博士《ぼうはかせ》の経営理論に導かれて作成されているようだ。

「企業経営を通じて社会の進展と文化の向上に寄与《きよ》することを使命とし自主独立の協力体制を作り、もって使命達成に邁進《まいしん》……」と、ある。

　全くもって私が好きな文言のオンパレードである。要するに、うんちくや能書きの大好きな私は、推理小説の世界に迷い込んだ気分に浸ることができた。パンが出来ていく過程も興味を引くが、会社が成長していく過程の方が、遥《はる》かにスケールが大きい。また、特に「某博士の……」というくだりはお気に入りに登録したい。更に、「当社はクリスチャンの会社ではなく、聖書の教え・キリスト教の精神に導かれる事業経営を徹底して追求してきた……」と、続く。実に興味深い。

しかし、ここで少しばかり疑問が湧き出る。それは、社員さんたちがバイトの私達に大声で怒鳴り散らすことだ。キリスト様は穏やかな性格だったように思えるが……。

皆が皆そうではないが、評判や噂だけではないことは自分の経験からも言える。また、仕事を終えたロッカールームでは、文句や強い口調でまくしたてる社員さんの不平不満・愚痴が飛び交っている。その怒りの感情をユニフォームに込め、床に叩きつけることで抗議をしているバイトさんもいる。この行為《こうい》には驚きを禁じ得ない。

としたら、キリスト様は人間の弱さを全部お見通しで、お許しいただいているのかもしれない。いや、そうに違いない。どんな宗教も、いつも庶民の味方である。したがって、弱い立場のバイトに寛容《かんよう》と信じる。

更に、私にとっては不思議に思う物がある。それは、神棚である。別棟工場の六階に社員食堂及び休憩室がある。本社工場のそれとは較べものにならない程こじんまりしているが質素で落ち着く。その厨房《ちゅうぼう》と反対側天井近くに神棚があるのである。そして、横には開眼《かいげん》された五十センチ程の真っ赤なだるまさんがある。

神棚といえば、私が中学生まで住んでいた呉服店にも、立派な神棚があったのを思い出す。お店のど真ん中にドーンと鎮座していたそれは、とても威厳《いげん》があった。何と言っても、見上げなければ拝むことができないところが、子供心にもすごく威厳を感じた。

食堂の神棚も同様に神聖に感じられた。そして、不思議なことに心が落ち着くのである。私は、ここに来ると決まって「今日も怪我無く仕事が終えられますように」と、仕事の安全をひそかに祈った。

通常の私の勤務には休息はない。しかし、残業をお願いされたときは十五分間の休息タイムがいただける。そんな時は、食堂に直行することにしている。ここの食堂は、食事の場だけでなく、休息や仕事前の待機《たいき》場所にもなっているのだ。隣には、簡易《かんい》な喫煙所と自動販売機もある。ありがたいことである。更に、男女それぞれ向きの話題の週刊誌も置いてある。

また、壁の大きな掛け時計が目を引く。この種の目立つ時計は工場のいたるところに設置されており個人の腕時計は必要ない。時間が命の私たちバイト人間には、大助かりといえる。それ故に、現場に持ち込み禁止品の中には、腕時計が入っている。私はスマートフォンを時計代わりにしているが、それも持ち込み禁止品だ。しかし、外国人労働者の持ち込みは、暗黙《あんもく》の了解《りょうかい》となっているようである。

これはこれでよいと思う。規則だから、何が何でも押し通すというのは味気がない。特に、外国から来ている学生や社会人労働者のみなさんにとっては、言葉とともに日本の情報量不足がハンディキャップとなる。その点、弱い者の立場をよく理解している会社に賞賛《しょうさん》の拍手を送りたい。

事務所の通路の前に、「博士」と「キリスト教」の文言が入ったパネルと、食堂には、「神棚」と「だるまさん」。面白い組み合わせであるが、何か一本の糸でしっかりと繋がっているような気がする。また、その一つ一つについても、会社側から機会があれば聞いてみたいと思うのは私だけだろうか？　しかし、実に気になる。

突然、母の介護が一年前に始まった。そして、彼女の施設入所により手持ち無沙汰となり始めた頃に、パン工場の深夜バイトにありついた。ところが、意外な方面へ興味や関心が広がりを見せてきた。ますます、ネムネムそしてフラフラながらもワクワクでドキドキしてきた。毎日が発見であり、小さいがキラキラな冒険の旅のようである。

仕事も今日で二十回目となる。当初は、終わる時間やトイレの場所、更には帰りの出口ばかりが気になっていたが、最近は視野も広がり考え方も変化発展してきた気がする。ポスターに標語。案内板に注意喚起《かんき》の掲示など。毎回、新しい発見に驚いたり、疑問を持ったりと飽きることがない。実に楽しい。

明日も神棚に柏手《かしわで》をポンポンと打ち、お気に入りの博士の文章を読むのが待ち遠しいかぎりである。

噂話《うわさばなし》と真実《しんじつ》

「えっ！　本当？」と、言うような話は、世間にはごまんとある。

そう、噂話をすることは、誰もが好きな小さなイベントのようなものである。私はどちらかと言えばその類は好みではない。真実か嘘かもわからないことで時間をだらだらと過ごすのは、人生において最大の無意味な時間だと考えているからである。

しかし、人間は生まれながらにして完成された形ではなく、教育や環境によって作られるので、人の悪口を言うことや噂話をするのはよくあることだとも考えている。そう考えると、私が世間様とずれているというのが、正しいのかもしれない。

この工場でアルバイトを始めてから、ここ特有の噂話はたくさん耳にする。例えば、「やばい仕事」「きつい仕事」「パワハラが多い」「離婚率が高い」「ブラック企業だ」「すぐ怒鳴られる」など。良い噂より、その逆が圧倒的に多い。これは、しょうがないことだと思う。どんな職場でもあるからである。悪い話のほうが、酒はうまいし盛り上がるのも事実である。そんな時私は、首を縦に振ってはいるが、馬の耳になるようにしている。つまり、噂話は念仏と決め込んでいるのである。

私は、学生時代に、深夜を中心とした日払いのアルバイトを数々経験してきた。やはり、夜通しのバイトは、眠くてつらいに決まっていた。それは、昔も今も変わらないと思うし、これからも永遠に変わることはないだろう。

「これじゃ、春になれば人が居なくなるのもわかる。いや〜、わかる。よくわかる」と、三月の勤務希望日調査表の裏面を見て思った。それは、うっかりすると見過ごしてしまいそうなくらい小さく、そこに書き記《しる》されていた。そして、重要と暗に匂《にお》わせるかのように黒枠で囲まれていた。

それは、三月のアルバイト報酬《ほうしゅう》額である。今まで時給一三〇〇円だった金額が一気に一〇五〇円とある。本当に信じられない数字が私の脳天を撃ち抜いた。十二月のクリスマス期間から比較すると、六百円もの減額である。狐につままれているかのようだった。

同じ工場で、同一の仕事。いつもと変わらない仕事量では、とても納得できる内容とは言い難い。以前から、梅が咲き始める頃になると、人がどんどん少なくなるという噂は聞いてはいたが……。どうやら真実であると言わざるをえない。銀行で記帳すると、はっきりと月を追うごとに給料が減っているのがわかる。

さっそく、会社に電話して聞いてみることにした。受話器に出た女性社員と話をする。彼女は、そんなにバイトの給料がクリスマス期間と現在が違うことを知らなかったようである。受話器の向う側で、激しくキーボードを打ち続ける音がする。記録しているようである。

「しまった」と、私は心でつぶやいた。

「アルバイトに関わる一切の問い合わせは、人事部です」と、きっぱりと返事が返ってきた。その女性は、総務部だった。ということは、この電話ではこれ以上話が進まないことが分かった。

会社が大きくなれば、他の部署が何をやっているかはなかなか掴《つか》めないようだ。年末に五百名のアルバイト急募のピンク色の派手なチラシが、ポストに投函されていた。更に、それに続き年明けにも、二回程追加募集の紙が入ってきた。この時は、五十名の急募だった。これらは、総務部が把握《はあく》しているとは思えなかった。人事部に、聞くしかないと思った。

頭の中には、クリスマスの時の大量な募集人数と高額な数字が強烈《きょうれつ》に刻み込まれていた。それがいつの間にか、自分勝手な思い込みを作ってしまったらしい。管理会社に在籍していた経験が生きている私は、書類は見出しも大切だが、小さく目立つことない文字も入念に、細かくチェックするのが習慣となっているので分かった。

私の場合、母の介護の隙間で働けば何とかやりくりできる。また、六十三歳からは、特別支給の老齢年金を頂いているので、生活上大きな問題は起きていない。

しかし、黄色い用紙組の人はそうはいかない。外国人の、月ごとの契約用紙の色は黄色で、私達日本人バイトは白の調査表である。その用紙を毎月二十日までに会社、いや工場長に提出することになっている。外国人用の黄色い用紙に、他社の勤務（ダブルワーク）は不可や、出勤から次の出勤までは二日間休みを入れること等、理由はよくわからないが、私達とはまるで異なる条件が付けられている。それらの条件は、私たち日本人より厳しいと思う。

とにかく、時給の六百円減額は、バイト人間にとって死活問題となる。本当に厳しすぎる現実といえる。

弱い者へは、追い討ちをかけることとなるのがこの世の常である。最近の異常気象による寒さや、線状降水帯《せんじょうこうすいたい》の発生。全国各地で突然起こる地震や火山の噴火。いつ終息《しゅうそく》するか不透明になっているコロナ禍。また、終わりの見えない節約生活。暗い話題で頭の中がグラグラと重い。実に重いのに、給料は少なくなり財布も軽くなる。

言葉や生活習慣が違う東南アジアからの、多くの留学生さん達には、どんな慰《なぐさ》めの言葉も励ましの言葉も見つからない。しかし、彼らや彼女らは明るい。国民性の違いからだろうか？　めげている様子はみじんも見せないどころか、いつもと変わらずに笑っている。私も、同調してしまうので、その時は忘れてしまう。

今の外国人バイトは、飲食系が一位だ。そして、二十四時間営業のコンビニが人気である。それは、マニュアルがしっかりしており、研修もあるからだという。これは、まことに心強い。

一方、ベルトコンベア中心のパン工場は、それらがほとんどなくても済む。当日に行っても即戦力になるから外国人や女子高生が多い。納得、なるほど納得だ。だから、留学生には向いていると言える。

さて、お金。こと給料となると、労働者である私個人だけでは到底解決できない。ここは、三月までこのまま働いてみて、検証していくしかないと考えている。今後の身の振り方も考えていきたい。そして、改善できそうな所や内容があれば、積極的に人事課に立ち向かっていきたい。これぐらいは、高齢労働者として、頑張っている若い皆さんに恩返しをしたいと思っている。国籍を問わずに、社会貢献しなければと思う。

春になると人がいなくなる。その噂話が真実かどうかは、今のところはわからない。また、今考えてみてもしょうがないことである。眠くなってきたので、明日に備えて寝ることとする。

心を磨《みが》くモップ掛《か》け

「おっ！　菓子工場で火事か？」

「六人もお亡くなりになったのか。南無阿弥陀仏」

「なになに。焼き釜付近から火が出たのか」

工場での火事は、以前はあまり気にならないニュースの範疇《はんちゅう》であり、何名の方がお亡くなりになったとか、怪我の具合がどうだった等、そして、あとは場所ぐらいを気に掛ける程度で聞き流していた。

ところが、打って変わって現在は脳の反応が違う。パン工場で働いてみて、すっかり関心ごとが変わった。そして、目先の方向も変化した。それは、火を扱う仕事をしているからだ。勤務初日は勿論のこと、一週間、いや一カ月経っても工場内の避難経路《ひなんけいろ》が頭の中にイメージできていない。仲間の皆さんも、最初は迷ったと口を揃えて言う。

「トイレはどこですか？」とか「出口はこっちで良いですか？」と、図々《ずうずう》しい私なら、そこに居合わせた人に躊躇《ちゅうちょ》なく尋ねることができる。しかし、奥手《おくて》のバイトさんは、大変だろうと察する。また、新人さんも同様だろう。トイレ休憩はない仕事なので、朝から水分をひたすら控えているという人に出会ったことがある。そこまでしなくても、と思うが、本人にとっては切実《せつじつ》な問題なので口をはさむ余地《よち》もない。このような人は、初めての場所ですぐに対応できるのだろうか？　そして、もしこのような状況下で地震や火災等が起き、更に停電の中、しかも煙が工場内に立ち込めていたら助かるだろうか？　考えたくもない。

最近、私がよく派遣《はけん》される別棟工場は、築三十年と比較的新しい建物だ。それは、食堂の新メニューに「三十周年記念献立」があったのでわかった。以前、管理会社に勤務していた頃の引き出しが、突然スーッと開く。建物の耐震強度が大丈夫でも、年数と共に次から次へと故障や不具合が出てくるものだ。まさに、人間の老化とぴたりと一致する。いくら大切にメンテナンスしても、加齢は誰にも止められない。だから、心配事は尽きない。

いくら日常清掃が完璧に行き届いていたとしても、仕事が一旦《いったん》始まってしまえば、その日必要な機械類や工具や材料等で、いつのまにか辺りは障害物競争の世界となる。勿論、一つ一つの仕事の終了ごとに、念入りに清掃と整理整頓はしている。

例えば、ベルトコンベアが、上に下へと高速道路のインターチェンジのように走っている食パンコーナーなどは、それらを潜《くぐ》り抜ける、橋の上をつり橋のように渡るという、曲芸歩行《きょくげいほこう》なしでは逃げられない。しかも、慣れていればの話であるが、緊急事態となれば頭や膝を打ち付けてしまうことにもなりかねない。

更に、パンの種類ごとにベルトコンベアの位置が全く変わってしまうから、初心者にはお手上げ状態となる。絶えず新しいパズルや迷路に挑戦しているようなものである。

今回のニュースを見て、何年も働いてきた人が、出口付近に来たにもかかわらず、逃げ遅れたと言う話には恐怖を覚えた。命がかかっているのだから、このような場合は決して会社側へ理解など示してはいけない。

「天災に突然遭遇したら、迷わず避難できます」と、三カ月たった私も、決して言い切れない。

そう考えると、「避難訓練」を深夜に働くバイトさんを含め、必ず行うべきだと思う。そういえば、出口付近に「出口」の文字と矢印が一ヶ所あったと記憶するが、緑色で電気が常時付いており、人が走っているイラスト入りの誘導灯や非常灯を見かけた事がない。私が見逃しているのだろうか？　明日、探してみよう。

心配事というものは、負のスパイラルに陥《おちい》ってしまうときりがないものである。例えば、死んだら保険はどうなるのだろうか？とか、社員さんはたぶん良いだろうが、私達バイトは本当に保障されているか、考え出すと次から次へと不安の波が押し寄せてくる。

このような時、私はふつふつと沸《わ》き起こる心配事などという膿《うみ》は、我慢せずにとことん出し切るようにしている。そして、すぐに書き出してみる。そう、記録すると、安心して忘れてしまうこともある。どうしても問題が解決できなければ、それはそれでよい。

具体的に行動すれば具体的な答えが必ず見つかる。と、聞いたことがある。
そこで、早速、困った時のお助け、インターネットで検索してみた。
「あれっ？　あるぞ！」
二〇一三年十二月　工場で火事全焼／イベント中止か
二〇一五年九月　粉塵《ふんじん》爆発か？　工場で火災発生
二〇一六年七月　パン工場が大炎上！　爆発音や黒煙など
二〇一九年二月　工場で火事。オーブン内に溜まった油が火元
「ひえ〜っ！！」
ここで一つ、はっきり言える事実がある。第一次情報（テレビ・新聞・週刊誌・インターネット・噂話や立ち話等）では、決して動じてはいけない。それは、そこで働いた人達だけが体で知った第二次情報の中にこそ真実があるからである。従って、内容が分からないので、ここでは深入りは避けることとする。
また、メディアの情報はしょせん宣伝だと流すことにしている。

さて、昔から「火のない所に煙は立たぬ」と、言うが、お菓子工場にしてもパン工場にしても、天災の類でなければ必ず原因はあるものである。

その要因を取り除く一つの手段として、整理整頓や工場内は走らないこと、そして日常清掃と各種点検が考えられる。

この工場では、伝統的に仕事と仕事の隙間時間に、ちょこちょことモップ掛けをすることとなっている。大いに結構な取り組みだと感心した。決して内規《ないき》ではないと思うが、良い習慣だと言える。仕事がひと段落すると社員さんもバイトも休むことなく、モップがおいてあるコーナーに駆けつける。しかし、二本ぐらいしかそれは置かれていないので、他のものは雑巾でベルトコンベア磨きをする。これまた、素晴らしい習慣だといえる。それらの行動には、一切の命令もない。脱帽である。当然私も、その良き伝統に組み込まれてしまった。

日ごろから、掃除をすることとは、自分の心を磨くことだと固く信じているので、いやな気は一切しない。自分の家だろうが公道だろうが、ゴミがあれば自然に手が出る。だから、自分のいる空間が片付いていると、気分もよいし、やる気も出る。

また、このモップは、普通のモップとは一味《ひとあじ》も二味《ふたあじ》も違う。特定ウイルスの減少と細菌の増殖《ぞうしょく》を抑制《よくせい》・防臭するという優《すぐ》れものモップだというから驚きである。そして気が付くと新しいものと交換されている。だから、床はいつもピカピカだ。

「野村さん、もう時間ですからモップを片付けて上がってください」と、社員さんから声がかかる。

「あれ？　もうそんな時間か」

一心不乱にゴシゴシと掃除していたが、ふと我に返る。

やはり、ここでの清掃は己《おのれ》の心を磨いている修行だと思った。そしてこの清掃が災害を未然に防いで、私たちの命を守っているのである。そうであるから、もっと一生懸命に掃除をしなければならない。

桜と祭りは、春の華《はな》

「あっ！　やっている。やっている。このスーパーは、派手にやっているぞ！」

パンコーナーの前を通り過ぎようとした時、イベントでプレゼントされる真っ白の食器が目に入り、思わず立ち止まった。手に取ってみると、意外とずっしりしていて重くて高級感がある。これは、実によい。噂通りの優れもののようだ。

私は、イベントの類《たぐい》はあまり好きではない。できるだけ、人の集まるバーゲンセールや宣伝主義、儲《もう》け話は避けるようにしている。

二〇二二年、市内各地のさくら祭りは、コロナ禍のため今年も残念ながら中止となった。しかし、春に行われるこの恒例《こうれい》のイベントは、盛大に繰《く》り広げられているようだ。さみしい今のご時世にあって、何か話題がなければ面白くないと考えていた私には大いに受けた。どこもかしこもコロナ渦で、縮小や中止では心が腐《くさ》ってしまいそうである。

さっそく、そこに居合わせたスーパーの店員さんに聞いてみた。

「これが必ず頂けるという、外国製の食器ですか？」

店の棚の上に、ご立派に飾ってある白い皿。それを指差しながら、女性店員さんはニコニコしながら答えた。

「ええ、でもお客様。これは見本で、本物はサービスカウンターにございます。もう少し厚手でしっかりした物でございます」と、グググッと私に近づきながら答えた。

「そうだよね。こんなペラペラじゃ、おかしいと思ったよ」と、私は苦々しく笑いながら言い返した。見本は、実によくできていて、すっかり現物だと見間《みま》違《ちが》ってしまったようだ。

付け加えるように彼女は、毎年、とても人気のあるイベントだと教えてくれた。また、他のパン会社でも同様のプレゼント企画を実施しているが、弊社のイベントの足元にも及ばないと、語気《ごき》を強めて説明を続けた。

この真っ白の食器は、勿論非売品のうえ、シャキシャキの舶来品ときている。それは女性心を擽《くすぐ》る演出となっているし、ついつい欲しくなる代物《しろもの》らしい。きっと、ベルサイユでも連想するのだろう。男の私などは、食器などなくても鍋釜《なべかま》で事は足りている。お皿やお茶碗を使えば洗い物が増える。男はみんな、ちょっとでも楽をしたいしめんどくさがり屋ときている。ましてや、景品の食器目当てに、わざわざパンは買わない。やはり、女性向きのイベントだと言える。

今まで、パンなどほとんど関心がなく、スーパーに来ても素通りしていたが、バイトをするようになってからは、意図的に立ち寄ることが多くなった。ぐるりと棚を回ってみて意外とたくさんの種類のパンがあることに気づいた。まさか、こんなに多種多様でカラフルなパンがあったのかと、驚きを禁《きん》じ得《え》なかった。恥ずかしながら、アンパンマンの歌に出てくるパンの種類ぐらいしかすぐに出てこないというレベルだったので。

また、イベントの参加方法もいろいろあることが分かった。はがきで申し込む会社もある。私がバイトに行っているパンメーカーのイベントは、シールを集めるらしい。そういえば、缶コーヒーのイベントで、昔シールを集めたことを思い出した。面倒くさいことの嫌いな人には受けが悪いかもしれない。しかし、まとめ買いや駆け込み買いの人たちもいるそうである。

パンのシールを決められた枚数を集めて、女性好みのピンクの台紙に張り付ける。それをサービスカウンターに出せば、即座《そくざ》にお目当ての真っ白な食器が手に入る。直《す》ぐに持ち帰ることができるのがすこぶる良い。実に簡単でシンプルで、結果がすぐ出る。この手のイベントのたぐいは、突発的要素《とっぱつてきようそ》が多いので、込み入った手順や長いプロセスが無い方が良い。どんな人が考えたのだろうか？　気になるところだ。

今年はコロナ禍により経済の状態が不安定で、先がかなり読みづらくなっている。このイベントが成功するかどうかは、終わってみないと誰にもわからないと思う。ちなみに私は、今のところ傍観者《ぼうかんしゃ》を決め込んでいる。しかし、一枚ぐらいこの食器があってもいいような気もする、いや、この時すでに、ピカピカの真っ白なこの食器が欲しいと思い始めていた。

私は、学校給食で育ち、社会人となっても中学校や特別支援学校でまた給食のお世話になった。食器は、白を基調にしたものがほとんどだった。飽きが来なくて落ち着いていて上品に食事ができる気がする。材質は、確かコレールだったと思う。傷もつきにくく電子レンジも使える。この食器はどうなのだろうか？

早速お店で聞いてみた。イベントの食器はヨーロッパ製で主婦層に人気があるそうである。教育現場でのそれは、子供たちに人気があるとは言いがたい。むしろカレーやジャージャー麺などの中身でお祭り気分となる。また、学校の食器類と大きく違う点は、耐久性のようだ。子供たちが床に落とせば、素直に割れてしまうが、イベントの食器は全面物理強化ガラスが使用されていると説明を受けた。

「アッ！　いけない」と、手からすべり落ちたとしても割れにくいときている。勿論、スポンジでゴシゴシ洗っても傷がつかないというから凄《すご》い。色々と聞いてみると奥が深くその面白さにドップリ浸《ひた》ってしまう。何しろこのイベントは、約四十年前から続いていて、毎年一五〇〇万枚の食器が用意されているという。目もくらむような数である。

歴史の重みが脈々と受け継がれている。ここまでくると国民的行事になるのではないかとさえ思ってしまう。現に、インターネット上では、「このイベント徹底攻略法」や「点数早見表」に加え、一分でわかる動画まであり、そのフィーバーぶりが伺える。私の好奇心は、留まることを知らない。「残ったお皿はどうするのかな？」など、バイト先のエレベーターでのイベントのポスターを見る度に、少々お節介とも思えそうな疑問まで湧いてくるのである。

第三部

パンはいろいろ　人もイロイロ

お師匠《ししょう》さんとの再会《さいかい》

「いや〜、今日は実に楽しかった。愉快、愉快。最高だ！」

ふんわりとしたシートにお尻が付く前に、思わず口から気持ちが出てしまった。仕事を終えて帰りの送迎車に乗り込んだ矢先のことだった。言った途端に、どっぷりと疲れが肩口から現れてきた。勿論、頭はネムネムの、体はクタクタだった。しかし、気分はとてもすがすがしかった。

それもそのはず、このパン工場で働くこと三カ月になるが、現場の社員さんや指導的立場の人たちから褒《ほ》められたのは、今日が初めてだった。そして、私以外のバイトさんたちが賞賛《しょうさん》されている場面をほとんど見たことがない。だから、私の嬉しさは、最高潮に達していた。

ここの社員さんたちは、プライドが高いらしく、「ちょっとやそっとでは、にわかバイトを褒めるわけにはいかない」と、言わんばかりである。私も逆の立場になれば、ベテランの意地と威厳でそのようにするかもしれない。いや、私のほうがもっと陰険《いんけん》で露骨《ろこつ》かもしれない。たとえ上手に仕事が出来たとしても、見守り通すだろう。そして、まるで映画の世界に浸っているように黙っているかもしれない。

　こんなことは、男の世界にはよくあることだ。女性からすると、男どもはつまらないことにこだわると、鼻であしらわれそうだが仕方ない。しかし、現代では教育や子育ての中においては、以前のような厳しいスパルタ方式や俺に黙ってついてこいというのはタブー視されている。むしろ、褒めて育てることが良いとされる。時代の流れだから無理もない。従って、今は私もそのようにしてほしいと願っている。

　ましてや、介護道《かいごどう》に足を踏み入れてからは、お年を召された方には、子供以上にこの褒めるということが重要だと痛感している。子供も年寄りも褒められれば気分が良いはずである。現代の、ストレス社会は、ちょっとした言動や行動が虐待と捉えられることもある。また、このストレスは、一生続く感情となって残ってしまうから気を付けなければならない。

ところが、この工場では「飴と鞭《むち》」の「鞭」の部分が、暗黙の了解のごとくわずかに残っているのかもしれない。そして、ここの工場の長い歴史がそのようにさせてきたのだろう。それは、伝統のようなものだ。

しかし、一言であっても「上手だね」と言われれば年齢に関係なく天にも昇る気持ちとなると思う。ましてや、大先輩からのお言葉とあれば実に気分が良い。きっと神様からの声に聞こえるに違いない。

今日の仕事は、十八回目の第二工場である。しかし、ここに配属されたのはたったの三名だけだった。そして、私一人だけが二階の食パン作りに行くように言われた。他の二名の女性バイトさんとは、エレベーター内で、別行動となった。正直言って本心は、皆さんと同じ場所に行きたかった。この二階の食パン作り工程には、今も前回の苦い思い出が脳裏に焼きついているからだ。

実は、バイト初日がこの食パンの検品だった。その時も、私一人だけがこの仕事に就いた。この日は、何が何だかさっぱりわからぬ状態で腕を組んでみたり、天井を見つめたりを何度もした。とにかく、悩んだ。

「いったいお前は、今の今までどこで何をしていたんだ！」と、いきなり怒鳴り散らされた。更に、「前にも来ただろ？　初めてとは言わさないぞ！　その言い方は覚えている。そうだ。しっかり覚えている」と。まるで、夕立と雷が一気にやってきたように思えた。これにはたまらんと、体が固まった。カチンコチンに。

ところが仕事後半から、嵐が去った後のように、彼の対応が急変した。対応がやんわりと優しくなったのである。「あれ？」と、戸惑った。そして、気味が悪くなった。人違いであることが分かったようだ。

その時の担当社員さん、いやお師匠さんが、今日は二階入口で出迎えてくれたのである。少し気味が悪い感じがした。いつものように大きな声で、「おはようございます。十一時から五時までのバイトで来ました。よろしくお願いします」と、深々と少しわざとらしく会釈した。

すると、以前とは比べ物にならないほどの小さな声で、「向こうを手伝ってくれ」と、優しく言われ、ホッとした。そして、とりあえず、そこでモップ掛けをした。

　しばらくして、突然背後から「一階の検品の所に行ってくれ！」と、鋭く声が飛んだ。この時、私はふっと息を吐き、覚悟を決めた。

「何をもたもたしている！　まだ、わからんか？　言っている事が理解できんか？　いい加減覚えてくれよ。まだ、工場のレイアウトが頭に入っておらんのか？　他の場所でも役に立っていないのではないか？　歳はいくつかわからんが？　え〜い。どうして出来んか？　そんなに難しい仕事か？　えっ！　誰がここに置けと言った？」と、とても二度目の指導とは思えない。前回とは比べ物にならないくらい口数も多いが、語気もかなり強い。

　しかし、その合間に、的確なアドバイスやお手本が散りばめられていた。真剣で、しかも必死に私に何かを訴えかけているように思えた。ここでの文化を伝承しようとしているように感じた。男同士なのに愛も感じる。更に、前回同様、手品師のように華麗《かれい》なテクニックも披露してくれる。このあたりが、彼をお師匠さんと言わしめる所以《ゆえん》である。

　そして、作業用の手袋をなかなか付けられずに苦戦していると、いつの間にか目の前に現われた。

「空気を入れてみろ」と、ポツリと、耳元に一言。

「そうじゃない。こうだ」と、また一言。

「分かったぞ！」と、目から鱗《うろこ》が落ちる気持ちとなる。学校の先生たちが、教科書に書き込まれた自分だけのオリジナルのアドバイスを、子供達にさらりと教えるかのように、大先輩から奥義《おうぎ》を伝授《でんじゅ》された気分となった。満足至極《まんぞくしごく》である。父がすでに他界《たかい》している私にとって彼は、どことなく頼りになる存在に思えてきた。後からジ～ンと心に浸透してくる。


実は、このような社員さんは何人か他にも居る。食パン作りのお師匠さんほどではないが、別棟工場一階にも三名の気になる先輩がいる。決して年齢の問題でない。若くても、現場では私より心・技・体と優れている方は、皆尊敬する偉大なる先輩となる。

性格や教え方は様々と言える。その時は、注意されたり、怒鳴られたりしてカッとする場面も正直言ってある。しかし、指導や助言と思えると、すぐ冷静になれるから不思議である。

ましてや、フルオーケストラ並みに機械音が鳴り響く工場内では、大きな声、更には命令調で指示を出さないと要点もすぐに伝わらない。また、歯車やラインの継ぎ目等、危険な所が山ほど潜んでいる。気を抜いていて指や腕がなくなっていたのでは洒落にもならない。ネムネムのくたくたなどとは言ってはいられない。

命を授《さず》かってのバイト指導である。勿論、中には「あれ？」と、思うような社員さんもいる。しかし世の中どの仕事でも同様だし、合わない人がいて当然である。出てくる意見が全部一致するほうが気味が悪い。

よく、バイトさんが、「全然教えてくれない」とか、「怒ってばかり」と、プリプリ不満をこぼしている光景に出くわすことがある。そんな時も後からゆっくり思い起こしてみると、本当のことが見えてくると思う。

だから私は仕事が終わると日記を書くことにしている。これは介護日記からの習慣となっている。冷静になってよく考えて書き出してみれば、自分の勝手な思い込みであることが多い。反省と振り返りによって、次回への活力が生まれる。

私のお師匠さんは、この日記に二回登場した。一回目と大きく違う点は二つである。一つは、母の介護をしていると話したら褒められた事。もう一つは、お師匠さんの身の上話や苦労話を最後に聞くことができた事だ。たぶん、めったにないことだと思う。そして、「月に何回ぐらい出勤しているのか？」と、聞かれた。彼が私に会いたいのだろうと思ったが、なぜか彼とは忘れた頃に会うのが良いと直感した。

バイトでなければ、休息時や仕事帰りに二人の距離感がぐっと近くなったと感じる。でも、今日のような少し緊張する空気を大切にしたい。

だから、次回お師匠さんに会うのは、三カ月後にしようと思う。その時は必ず仕事の技術面を褒めてもらえるようにしたい。

人はおだてりゃ……

「なかなか野村さん、筋がいいですね」

「はあ？」

「その調子でお願いします」

「はい」

「上手。とても上手だ」

と、今日は、班長さんらしき人から二度も褒められた。

家を出てくるとき、日めくりカレンダーを見てきたが、確か大安ではなかったはずだ。

とにかく、褒められたことで、作業に一段と拍車がかかった。しかし、仕事の終了時刻までは、五時間もある。さっき始まったばかりだ。これでは、バイト上がりの終了時間まで体力が持つはずがない。慌てて心にブレーキをかけた。

そういえば、昔聞いた落語のくだりに、「おだてりゃつけ上がる。怒ればふくれるし、殺しゃ夜中に化けて出る」と言うのがあった。

今の私にピッタリである。初めて仕事ぶりを褒められたので、手元のスピードを一気に上げた。もし逆に、注意されれば、時給は出てもやる気は全く出ない。しかし、時給アップの話やアドバイスとなれば話は別である。また、言う人によっては、受け取り方が微妙に異なる。私たちは感情で動く生き物だから仕方がない。

だから、判断に困るような場面では、傍観者《ぼうかんしゃ》を決め込むのが良いかもしれない。今回は、「豚もおだてりゃ木に登る」の効果が出た。私は豚さんではなく、れっきとした人間であるが……。

かつて、教育現場にいたころは、「子供というものは褒めて伸ばすものだ」と、よく先輩教師に言われた。だからと言って、中学三年生ぐらいだと褒めすぎてもよくない。こちらの手の内を簡単に悟《さと》られてしまう。従って、入学したての一年生辺りが褒め頃と言える。

さらに、タイミングや言い方は慎重を要する。この、タイミングについては、ある政治家がこんなことを言っていた。

「言っていいこと悪いこと。言っていい人悪い人。言っていい時悪い時」を、常に考えろと。さすがに、大物政治家は違うと思った。失言が多い私は、大いに見習いたいものである。特に、女性に対しては、気を使っているつもりなのである。はなはだ未熟ではあるが。

私の場合は、仕事が始まって一時間ぐらいのあたりで、ありがたい声をかけていただいた。要するに、社員さんにうまいタイミングで乗せていただいたのだ。もし、万が一、それがわざとらしいと感じても、流れに身を任《まか》せて流してしまえば楽である。ここはひとつ、乗せ上手に、乗せられ上手で行くのが良い。

そういえば、バドミントンの選手をやっていた時は、ダブルスのパートナーの先輩によく乗せていただいた。彼は、「よいしょの技」だと、後から教えてくれた。それは、全日本社会人選手権での出来事である。試合は、準決勝まで勝ち進んだ。大舞台であり、メダルがちらついた。気合も入り、息が荒くなった。その時、

「野村、見ろよ！　可愛いギャルが、お前を応援しているぞ」

「えっ！　どこですか？」

「ごめん。ごめん。俺の応援か？」

「しかし、野村はうまいよ。お前と組むと実に楽だよ」と、プレーの合間に話しかけてくる。すると、あらあら不思議。緊張が一気に解《と》ける。そして、一呼吸おいてサーブを繰り出す。当然、結果は自然とついてきた。先輩は、私とペアを組む前は、全日本クラスの大会の常連であった。従って、ここが大切と言うツボを、心得ていたのである。


そして、老若男女《ろうにゃくなんにょ》問わず、行動は本人に任せるべきである。任せられれば、人は信用されていると感じる。しかし、誰しも楽を考える、更にはさぼってしまう心も持ち合わせている。

例えば仕事中に、作業用の帽子やマスクを勝手に外《はず》してしまう人がいる。また、社員さんの監視下では、一生懸命に仕事をしているふりをしているが、いなくなるや否や、手抜きをして雑にふるまう人間もいる。

もし、こちらが損害を被《こうむ》るときは、すぐに改善を要求するが、間接的な時は少し困る。しかし、最終的には、その人の問題というより会社の利益に関わってくると思う。従って、躊躇《ちゅうちょ》せず、社員さんや班長さんにそれらを報告するようにしている。言いにくい事柄をズバリと指摘するのが、ベテランバイトの使命だと思う。決してこれらは、告げ口の類《たぐい》ではない。だから、会社が社会に貢献しているように、私は、定年ギリギリまで「会社貢献」や、「会社孝行」で、いきたい。

子供も大人も褒められれば、素直にうれしいものである。また、外国人労働者も同じだ。いや、感情をコントロールする日本人より、ネパール人やフィリピン人のほうが全身で喜びを表す。私もそうありたい。

「飴と鞭」という考え方もあるが、私は、人間は前者で育つと確信している。そして、誰しも自分の存在価値を認めてもらいたいと思っている。だからその価値が褒められる形で評価されれば、効果は絶大だ。

この日は、十分に仕事場において、私と言う存在が認められ評価されたわけである。ここは、素直に好意的に解釈したい。

「そうだ！　今日は、ウナギか、お刺身でも食べて次の戦いに備えよう」

と、意気揚々《いきようよう》と家路についた。

仕事がなければ、それまでよ

「皆さん、お掃除してください」「これかたし（片付け）ちゃっていいですよ」と、一人の男性が、小声で申し訳なさそうに言った。どうもこの人は、今日の仕事場の班長さんらしい。

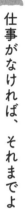

「あれっ？」と、この時、よくないことが起こりそうな気がした。そして、その予感は的中《てきちゅう》してしまった。工場内の時計は、午前二時を少し過ぎていた。社員さん達がいそいそと今まで動かしていた機械を、こともあろうに片付け始めたのである。更に、真新しい北海道産のねりあんのケースを搬入している。どうやら私たちの次に行われる作業の下準備が始まったようだ。

ここは、バイト受付所から五分程歩いた所にある。このビルの半分は他の会社が入っていた。一つの建物に二つの工場が入っているようだ。今日のこの工場行きを命じられたバイトたちは、まず白いレインコート風の薄い上着を制服の上に着なければならない。サイズは選ぶ余地《よち》はなく、私にとってはブカブカな特大サイズを着なければならなかった。そして、社員さんを先頭にバイト達十数名が一列となって、思い思いにおしゃべりしながら工場に向う。それは、まるで闇夜《やみよ》にさまよう白いお化けたちの行進のようだ。一般の人からは滑稽《こっけい》に見えるに違いない。

いつものように仕事前のトイレを済ませ、作業場に入ると現場の社員さんに手招きされ、各自のポジションに素早《すばや》く誘導《ゆうどう》される。まずは、出来るとかできないに関係なく場所を指定される。そこで、どんな作業をするのか一、二分程、ごくごく簡単に説明を受ける。

その時、自分でとことん納得いくまで理解しておかないと、後で大変な事となる。私以外のバイトさんは、一度は経験しているらしい。ベルトコンベアでの集団流れ作業なので、自分一人がミスや失敗をして作業の流れを乱すと機械を止めてしまう結果となる。ここでは、後の祭りは許されないのである。

私はかつて、その流れを止めてしまい、三十分以上もの間、皆さんから顰蹙《ひんしゅく》の視線を受けたことがある。多少の失敗は「えい」と、目をつむりやり過ごしてしまうのがよい。どちらかといえば完璧《かんぺき》主義的な性格である私は、この些細《ささい》なミスがとても気になっていたが、今は「ドンマイ」と、流せるようになった。習慣とは、良い場合もあるが恐ろしくもある。たとえミスしても、必ず何度も検品があるのだと自分に言い聞かせるとよい。つまり、他力本願《たりきほんがん》を念ずると、楽に仕事ができる。信じる者は、必ず救われると思い込むのが良い。

最悪、お店に並んで購入されたとしても、お客さんが申し出て交換すれば解決する。このように、徐々にプラス思考でいくことができるようになった。要するに「しょうがない」の考え方である。このしょうがない上手《じょうず》がバイトを長く続かせるコツといえる。

しかし、こんな心持ちを会社に知られたら大変である。品質や信用を第一に掲げているのは当然であり、バイトのミスも大きな会社のクレームに繋《つな》がる。従って、社員さんもチラチラバイト監視目線となる。バイトの仕事ぶりを絶えず見ていなければならないのだ。確かにこちらを窺《うかが》っている。

中学校に勤務していた頃は、ヒソヒソ話に興じていると、板書《ばんしょ》している教師が突然振り向き、チョーク攻撃となる。そして、「私の背中には目が付いているのよ」が、お決まりのセリフだった。まさかパン工場では、食パンやクロワッサンが飛んで来ることは無いだろうが……。

しかし、「オレって、良く見ているだろ」と、注意する時に付け加える社員がいる。似たような考えや行動だと思う。それもプロフェッショナルの極《きわ》みと言える。

明日は三月三日。女性陣のお祝いの日だ。そう、ひな祭りである。本日の制服のつば付き帽の右横には、「際物《きわもの》」と印字された名刺大ぐらいの名札が付けられている。

この際物とは、例えば正月の門松やひな人形のことを指す。それは、ある時期だけ売れる品で、今回はひな祭り限定品である。私は、草餅と桜餅の四個入り和菓子セットを担当した。ここでのバイトは、季節の行事をしっかり頭に叩き込んでおく必要がありそうである。たった一日違いで給料が全く違ってしまう。今回は、嬉しい誤算であった。

おかげで、クリスマス同様に人手が必要らしく、時給が一六五〇円と高額だった。また、前日に大半が完成し発送されたようで、二日目にあたる今日の仕事は少なかったようだ。そのためか、二時過ぎで早くも作業ラインは止まってしまった。本当に商売とは難しいようで、学校の時間割のようには、ことは運ばないようである。

仕事がなければ、当然私達バイトはお役《やく》ご免《めん》となる。ところが、電車の始発前に退勤しても駅で足止めとなり、早く仕事が終わっても具合が悪い。嬉しいような悲しいような、複雑な気分である。食堂で時間調整できなくはないが、それより日当が削られてしまう。これには、日々少ない生活費をやりくりしているバイトとしては、泣くに泣けない。

会社側もその辺りは心得ている。両者の落としどころとして、一時間程清掃しての退勤となる。これればかりはどうにもならない。流石に、ベテランのバイトさん達は熟知《じゅくち》しているようだ。直ぐに清掃に取り掛かる。

この日は、女性が多く、あちらこちらから小声や笑いに混じって楽しげな会話が聞こえてくる。タガログ語やネパール語らしき会話が聞こえてくる。とりわけ、東南アジアの女性陣は明るい。陽気に加えて、よく働くというのが私の印象である。また、男性陣は、ユーモアたっぷりで話しやすい若者が多いと思う。勿論、ここだけの印象であるが、仕事が命というような人はほとんど見かけない。

私も、水拭き用の布巾を片手に、キュッキュと清掃活動に精を出す。すると背後から誰かが近づいてくる気配がした。

「三時三十分で上《あが》ってください」と、班長社員さんが耳元で囁《ささや》いた。まるでヘビに睨まれた蛙のように体がギュッと固まるのを感じた。そして、ここで、直ぐに帰される人と、必要に応じて残される人が選別されていく。

バイトとしては、退勤の印籠《いんろう》を突きつけられては、「しょうがない」と、言って帰るしかない。

「しょうがない。しょうがない」

ボソボソとした独り言が暗闇に響いている。

世界の国からこんにちは

「どちらの国からいらっしゃったのですか?」と、仕事帰りに、いつも立ち寄るコンビニの店員に尋ねた。

「えっ?」と、彼女は、やや訝《いぶか》しげな表情をし、「私は日本人です」と、強くハッキリ言い返してきた。

「失礼しました。ご免なさい。いつも外国人の店員さんに会計してもらっているものですから」と、早口で謝った。早合点《はやがてん》してしまった。仕方がない。

最近は、パン工場も大勢の外国人バイトさんが働いているが、駅やコンビニ、飲食店なども例外ではない。まるで、ディズニーランドにある、イッツ・ア・スモールワールドの中にいるような気さえする。

とりわけ工場では、今までにベトナム人、カンボジア人、インドネシア人、フィリピン人、中国人、ネパール人、スリランカ人と出会った。人事課なら他にも国名がたくさん出てくるだろう。しかし、たった十二月末から三カ月近くで、これだけ沢山の外国の人達と一緒に仕事をしてきたことに改めて驚く。中でも東南アジア方面の人々が多いことに気付いた。

先日、その日予定されていた仕事が思いのほか早く終了してしまい、お決まりのお掃除タイムとなった。

日本人は実に素直《すなお》で、真面目に清掃に取り組んでいたが、何人かの外国人は違っていた。勿論、サボっていたのではない。手には、モップや雑巾を持っておりゴシゴシキュッキュッとやっている。そして口も仲間とペチャペチャと楽しそうに動いている。しかし、会話の内容や音量も、工場内の機械音でかき消されるので一向に気にはならない。うまく調和しているようである。

一方、日本人は一人で静かにモクモクと一心不乱に清掃活動に取り組んでいる。国民性の違いと簡単に片付けてしまいがちだが、これでよいのかと少し疑問が生じる。同じ給料が発生するのであれば楽しいに越したことはないが、静かに真面目にやれないものか、と、言いたくもなる。しかし、社員でもないので、イライラしても何の得にもならない。また、注意しても給料は上がらない。

ここは、黙認を決め込むこととする。

東南アジアの女性達は明るい。しかし、ネパールの女性はそれ以上にユーモアのセンスも持ち合わせているような気がする。残った草餅の山を両手で鷲掴みにすると、「プレゼントよ。たくさん食べて」と、差し出してくる。更に、私に何かプレゼントはもらえぬか?と、おねだりしてくる。ここまでくると、無視もできなくなり、ニコニコ顔で雑談に参加することにした。

また、仕事場へ行くエレベーター内で一緒になった時も「この中で三十分位、ゆっくり居ましょう」と、ニコニコしながら真顔で話してきた。私は返答に困った。

フィリピンの女性も話好きだ。そして、明るく振る舞っている。単純でなかなか時間が進んでくれない仕事中も、そのイヤな気分を中和してくれる。実に、お得な性格に思える。

日本人である私としては、大いに学び実践したい部分である。とはいえ私の場合は、人様からひょうきんで一緒に居て楽しいと言われている方なので、彼女達と似ているのかもしれない。ひょっとして、ご先祖様は東南アジア系かもしれない。

昼の部はよくわからないが、こと深夜に限っては、日本人のバイト二割に対して、外国人のバイトは八割強のように思える。内訳は、私の知る限りにおいては東南アジア方面がずば抜けて多い。しかも、女性が八割を占めている。女性向きの仕事が多いので、仕方がないと言える。しかし、私は、この環境は決して嫌ではない。

また、このような環境下であれば、バイト仲間からお友達、お友達からお付き合いに発展し、バイト内結婚というおめでたい吉報も聞けそうである。場合によっては国際カップル誕生もあるかもしれない。現実は、どうだろうか？

時々男女ペアで仕事をする機会がある。フィリピン女性と組んだ際、お子さんの教育費捻出のために夜中にこの工場に通っていると話していた。早朝五時に退勤し、手作りのご飯で我が子を送り出す彼女を想像すると、心からエールを送りたくなった。そして、ミスなんかしていられないと思う。そう思うと、少し指先の緊張感が高まった。
一方、男性は留学生が多いように思う。午前五時に退勤できるので、彼らには人気があるようだ。しかも、真面目で利発そうな学生が多く、将来の目標をしっかり見据えているようで頼もしく感じる。

街中を悠然と走り抜けていく自社のトラックには、世界という文字が躍っていたと思う。世界といえば、工場内には昔懐かしいコッペパンに定番の食パン。そしてフランスパンにチョコクロワッサンと、多種多様な世界中のパンが作られている。

そこで働く人々も、日本人をはじめ、世界中から人が集まっている気さえする。それ故に、会社の懐の広さを感じる。そして、この壮大な環境下で、仕事ができることに感謝している。付け加えて年甲斐もなくハーレム気分にドップリ浸りながら、明日も美味しいパン作りに励みたい。

思いやりのある残業

「私がやります」という一人の女性社員らしい声が、私の作業の手を止めた。声の主の方に視線を注ぐと、さっきまでこのあたりの床や流しを掃除していた女性だとわかった。

「読めた。今日の私の残業はそういうことだったのか」と、納得がいった。

普通は、残業というと規定の勤務時間を過ぎてからも残って仕事をすることで手当がつく。メリットもあるが、当然その逆もある。

私は、通常二十三時から働き始め、翌朝五時には仕事を終える六時間勤務の休息なしという契約を会社と結んでいる。従って、原則居残りなどということはありえない。

また、そのため六時間の勤務中は休憩タイムなどは一切ない。毎月提出する雇入時労働条件通知書に休憩は0《ゼロ》分と記載されていることを自ら確認し、押印している。それを律儀《りちぎ》に守っているバイトは朝から水分を控えていると聞いた。私は命を縮めてまでも金儲けをしたいとは考えていない。常に生理的欲求を第一に考えている。しかし、女性バイトさんは、男性社員さんにトイレに行かせてほしいと恥ずかしさからなかなか言えず、病気になることも多いと聞く。この工場での事例の有無は定かではないが、それはとても気の毒に思う。

今回は、二回目の残業である。二時半頃に班長さんらしい人物から「今日は残業できますか?」と、あなたしかいないという感じでストレートに打診《だしん》を受けた。この時は頭の中でそろばんの出番もなく一時間だけの残業だからとちゃっかりと受けた。

三時半頃から指定された残業の仕事場であろう所に行く。そこは、何度か経験した場所だった。仕事は冷蔵で寝かせた生地の青いシートを取り除き、ベルトコンベアに乗せる前の社員さんの補助をするというものである。

ステンレスの大きなお盆に二個ずつ入ったパン生地を、長方形に伸ばす機械に移す仕事はいささか力とコツが必要だ。また、餅つきのペアのタイミングと同様、社員さんとのちょっとした阿吽《あうん》の呼吸も不可決だ。

以前、私の知り合いの女性バイトさんがそのポジションに入り、手厳しくお叱りを受けたらしく、帰りに自分の上履きをわしづかみにして「このやろ～！年下のくせに～」と、ゲタ箱に投げつけていた。かなりご立腹のご様子で、掛ける言葉も見つからなかった。

この方は女性バイトさんの中でもかなり礼儀正しく、しっかり者の方だと捉《とら》えている。故に、彼女がこの場所を無作為《むさくい》に担当させられたとは思えない。一人だけ特別に抜擢《ばってき》されたと考えている。自分の素晴らしさに気付けないということは不幸だが仕方がない。時がくればわかると思うし、今いくら諭《さと》したり慰めたりしても馬の耳に念仏というものである。

逆に私は、この場所に配属されたのだから、ちょっとは見込まれているのだと悦《えつ》に入《い》る。ところが、以前のスピードとはかなり違い、ラインの流れがとてつもなく速いのだ。ベルトコンベアの速度が少しでも早くなると勝手やタイミングがまるで狂う。それどころか、機械と社員さんの視線にあおられてしまう。悪いことは重なる。頑張れば頑張るほど厳しい指示や仕事が増えていく。

「ここに十分位したら粉を柄杓《ひしゃく》で補充《ほじゅう》してください。できるだけ床にこぼさないように」と指示が飛ぶ。しかも三カ所もある。その中の一カ所のボックスは私の頭上《ずじょう》より高いところにある。

パン工場のバイトは八割が女性だ。確かに、手先の器用さが重要と思える仕事が多く、力よりもどちらかといえば根気強くそして、長時間労働に耐えられるかが大きなポイントになる。瞬間的にパワーを発揮する男性向きのバイトとは異なる。

ところが、パン生地を扱う仕事には鉄板《てっぱん》や釜に伴う力仕事も当然ある。全体からすると数は少ないが、足腰に負担がかかる仕事が存在する。それも、女性の仕事内容と同様に与えられた時間の間、休みなく果てしなく続けなければならない。

男女同等のバイト賃金と考えると、誰もが楽な仕事をしたいと考える。勿論、受付や会社側に相談すれば変更してもらえる。が、誰かがその皆さんの敬遠する仕事をやらなければならないのだ。従って、終了した時や帰りの送りの車中で、男性陣は女性たちから称賛されることも多い。せめてもの救いである。

私は、皆さんがきついと考えている仕事も自己鍛錬《たんれん》の場だと考え割り切っている。しかし、賃金は労働量と適合《てきごう》しているとは言い難《がた》い。加えて翌日の十分な休養と体のメンテナンスも必要になってくる。それゆえ、ハードな仕事を終えた時は、朝銭湯でいつもより時間をかけて疲れを取っている。そして帰宅と同時に朝食半ばでベッドへ直行となる。

男女同権やら、ジェンダーといささかうるさい昨今《さっこん》である。給料が同じであるならば、女子社員も重い機械を動かすことや小麦粉を抱える仕事も避けては通れない。しかし家事、子育て、生理痛等を考えると、上司も配慮をせねばならぬ。

私が学年主任や若手教師の育成に関わってきた経験からも、「思いやりのある残業」は必要だと思う。また、その気持ちを当事者やまわりの人々が感じ取る職場でなければ会社にも未来はないといえる。

とかく、楽な仕事で高い賃金を要求する風潮《ふうちょう》が強い今の世の中だが、それ以上に重要な心のつながりを大切にしたい。明日も自分のためそして、家族やまわりの人のため、更には社会に役立っているという充実感を持って仕事に望めるようにしたいと考える。

勿論、私は決して弱音《よわね》は吐かない。

そして、六時になった時初めて今日の残業の謎が解けた。

若い女性社員から交代を告げられたのである。作業を始めた彼女の背中に向かって「後を宜しくお願いします。がんばってね」と、心の中でエールを送った。そして、すがすがしい気分で、精一杯自分のポジションを守り通したことを自画自賛《じがじさん》した。

バカと馬鹿におばかさん

「バカヤロ〜！　何をやっている？　見ればわかるだろう！」と、社員さんに突然怒鳴られた。このような話をしばしば聞くことがある。私も思い当たる節があったので、静かに聞いていた。これらは、別棟工場への送迎車の中や、ロッカールームで耳にする話である。この工場の名物になっているのだろうか？もしも、夢にまでこの光景が出現してきたとなると大変である。ネット上にでも現れたら悪しきことになるであろう。頻度《ひんど》は多くないにしても、この類の悪い話は拡散《かくさん》しやすい。火のないところには煙は立たない。

私も、それらによく似た経験はある。しかし、その言った人との関係性や状況、受けとり側の心境によっても結果は大きく変わってくると思う。そこに居合わせていないのだから、聞き流せばよいものを、世間というものはそうは問屋が卸《おろ》さない。

一言で「バカ」と、言ってもいろいろな深い意味があると私は考えている。具体的には三種類の内容がある。

まず、本当に仕事をやり遂げる能力がない人。ここではそんな人はたとえ仕事に就《つ》くことができたとしてもすぐに解雇《かいこ》されてしまうはずである。したがって、この種の「バカ」には、触れてもしょうがない。

重要なのは残りの二つの「バカ」である。

その一つは、俗によく言われる「おばかさん」だ。以前、出勤する際入口の守衛さんに身分証明となるカードを見せて工場内に入った。その時、守衛さんにニコニコ顔で呼び止められた。何事かと手に持っているカードに目をやると、それはスイカ（JR東日本のICカード）だった。

またある時は、パンケースを十段ずつ重ね、六十セット作った。

「できました」と、得意顔で胸を張り社員さんに報告をした。

「ばかかお前？　十二段ずつ重ねろと言っただろ！」

「し、失礼しました。すぐに二段ずつ足します」

「あたり前だろ！」と、社員さんに一喝された。

いつもは十段重ねなのに、この日に限って十二段とは。自分の記憶に頼ったのが、あまりにも軽率であった。

問題なのは、最後の「馬鹿」である。私を筆頭に、ほとんどの人は「馬鹿」だと言える。しかしながら、この馬鹿さ加減が自覚できていれば、何ら日常生活に不自由はしない。それに気づかないか無視する方が問題である。

先日も、いざ帰ろうとロッカールームに入った。千個近くもあるロッカーの中から自分の衣服やカバンを入れた場所を探すのに一苦労した。六時間休息なしで頭も体も疲れ切ってネムネムのクタクタ状態である。何十列もある通路から、いかに自分のロッカーまでたどり着くか、それが問題である。毎日、更衣用のロッカーが変わるので、その日ごとに空きロッカーを見つけ出して入れなければならない。当然、社員さんとは違い、日替りロッカーとなる。ウロウロし、キョロキョロする姿がいたる所で見受けられる。

他のバイトさんと一緒に仲良く探す光景《こうけい》に出合うほうはまだましで、皆さんお疲れモードなので、馬鹿な姿だけがいつまでも残ることとなる。情けないけど仕方がない。監視カメラ作動中の文字がプレッシャーとなる。焦《あせ》れば焦るほど、自分のロッカーの位置が思い出せなくなる。悪循環とは、まさにこのことである。これらは、誰しもが一度や二度は経験するハシカのようなものらしい。昔から、バカは死ななきゃ治らないというが、現代社会においては、死んでも治らないと思う。そして、「おばかさん」は笑って済ませる。最後に、「馬鹿」は、誰もがそうだから気にする必要はない。

要するに、仕事中における人々からの発言は、指示や指導に関わるものだけに集中し、他の文言は聞き流すようにすればよいというのが、結論だ。その甲斐《かい》あって、今は殆《ほと》んど気にならない。また、言っている人もとっさの習慣であり、何ら悪気《わるぎ》はないものがほとんどと思える。

つまり、気にしているのは意外と日本人のみで、多くの外国人労働者のみなさんにしてみれば「バカ」のたぐいは、単なる雑音でしかない。その証拠に、カッカしている場面に遭遇《そうぐう》したことはない。日本で仕事をする機会を得ることができ感謝していると聞く。その感謝の相手は、会社より神様とくれば、次元の違いを感じる。

私は、文句を言われてもそれは自分に的確なアドバイスをしていただいていると考える。どんな言葉も素直に受け入れる。必要のない単語や考えはすぐに流す。ざ～っと。

昔、恩師から「バカと言う人がバカなのですよ」と、教えられた。その通りである。そして、相手の立場を考えられる若年寄りとしての余裕を持ってバイト業に励みたい。

第四部 人生、是《これ》、双六《すごろく》なり

天災《てんさい》は忘れなくてもやってくる

「おっしゃるとおりです」

「ごもっともです」

と、別棟工場のベテラン事務員さんは、私の熱弁に何度も電話口で相槌を打った。

やっと私の主張に共感してもらえる会社の人がいてホッとした。いや、わかってもらえなければ困るのである。こと命に関わるとなると、私はかなりしつこくうるさい方である。


三月十三日、二十三時三十六分。私は、別棟工場の四階にいた。そこで、ベルトコンベアで流れてきた四列の半ナマ状態のパン生地を三列に手直しする作業をしていた。

「あっ！　揺れている」確かに機械のそれとは違い、横にガタガタと揺れているのである。それがなかなか収まらない。すぐに地震だと直感した。そこで二メートルぐらい離れた所で別の仕事をしている若い女性バイトさんに地震である旨を話した。

「えっ！　地震！　怖い」と、私のそばにササッと寄ってきた。今まで動いていた機械類も知らない間に止まっていた。一分間ぐらい地震が続いていた気がした。

そこへ、班長さん風の男性が急ぎ足で来たが、「大丈夫ですか？」と、私たちに声を掛けるとすぐにどこかに行ってしまった。

十分位時間が経過したのだろうか？　しばらくして、何事もなかったかのように機械が動き始めた。

この間私の頭の中では、止まってしまった手とは反対に、色々な心配事や不安が動き回っていた。この工場は崩壊しないだろうか？　パンを焼くエリアからの火災は起きないだろうか？　電気が消えて工場内が暗闇になりはしないだろうか？　出口はどこだったかな？

青色のつなぎ服を着た電気技師が、慌ただしそうに早歩きで去っていく。

心配事や不安は、工場内のことから、外部の関心ごとへと変わっていった。仕事をしていてもどことなく落ち着かない。震度はいくつだったのだろうか？　震源地はどこだろうか？　電車は動いているのだろうか？　家は大丈夫だろうか？

中学校や特別支援学校に勤務している頃は、こんな時は即管理職である副校長が一斉《いっせい》放送で指示を出した。すかさず速《すみ》やかに安全な場所への移動となる。「押さない。駆けない。しゃべらない。戻らない」を合言葉に避難する。勿論、何も手には持たずに、上履きのままで校庭や体育館へ一目散となる。そして、一番重要な人員点呼を終えると安心する。お決まりのパターンだが、誰もが真剣だ。

ここでは、かつて当り前であった天災に対する常識は全く通用しないようである。

研修案内の社内放送は普段からよく耳にするが、地震についての放送は仕事を再開しているが一向に無い。隣で働いている契約社員さんは、今日でまだ四日目だという。しかも、別棟工場は初めてだ。こんな状態で、安全に避難できるとは全く思えない。しかも今しがた起こった地震についての説明がない。不安である。落ち着かない。

二月に、新潟県村上市で起きた菓子メーカー工場の火災の記憶がすぐに蘇る。「非常階段はあそこだ。ヘルメットや消火器もあったはずだが？　ここは四階。下に行けなければ、屋上に行くしかない。でも、行ったことはないぞ」と、私は、ある程度予想して考えることができる。しかし、一緒に働いている大勢のアルバイトさん達は、どうだろうか？　しかも、今は深夜である。余震や新たな地震も気になる。

「自信がある」は、良いことだが、
「地震がある」は、ちょっと怖い。

私は、一九九五年の阪神・淡路大震災や二〇一一年の東日本大震災が、強烈に脳裏に焼き付いている。また、海外では、二〇二三年の中東トルコのマグニチュード七・五のそれには胸がえぐられる思いがする。この地震は、死傷者数が日に日に増え、五万人以上とは声も出ない。

天災だからしょうがないでは、あまりにも無常といえる。人間は実に都合がよくできているようで、苦しいことやつらい体験でも時間がたてば昇華《しょうか》してしまう。しかし、本当に胃の中で消化していいものだろうか？　少しぐらいは、消化不良にしておきたい気もする。

「いや～、今日の地震はすごかったね」「揺れが長かった～」「怖かった」などと、ロッカールームに着くや否や、盛んに情報交換している声がいつもより大きく聞こえた。私は、着替える前にスマホで震源地を確認した。震度六強で、震源地は、福島・宮城。電車は間引き運転中と、情報が目に飛び込んできた。とりあえず帰れそうで安心した。

しかし天災は忘れても忘れなくてもやってくるものだ。

早速、家に帰って一寝入りしたら、『自分、仲間、会社』の人々の命を守るために、ここは一つご意見番にならなければならないと決心したのだった。

新入社員さんいらっしゃい

「ひょっとして新入社員さんですか？」と、若い男性に声を掛けた。その男性は、黒いリクルートスーツに柄のないシンプルな細身のネクタイをしていた。

私の問いかけに返事をしたかもしれないが、声は全く聞こえなかった。しかし、彼の首だけの会釈で、直ぐに新人さんだとわかった。いかにも今日が初めてだとわかるような、ピカピカの雰囲気を醸《かも》し出していたからだ。

二〇二三年三月二十二日。空が薄暗い六時五分。

守衛室前から、一直線に十五メートルほど、蛇のような長い列ができていた。二十人ぐらいはいるだろうか？　また、その中に女性はいたかもしれないが、さっと見たのでその人数は確認できなかった。若い子に特に興味があるというわけではない。いつもの私の習慣である。

以前バイト仲間から、苦労して入社しても、約半分ほどの新入社員が退社してしまうと聞いていた。

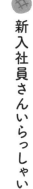

「頑張れ、厳しいぞ！　先輩達に二、三度怒鳴られたぐらいですぐ辞めるなよ！」と、思わず心の中で祈るように叫んだ。そして、静かに入社式へ行く若者達を見送った。たぶん、大食堂でその式はおこなわれるのだろう。そこで、新入社員の代表が、誓いの言葉か決意表明を述べるはずだ。

「桜匂う今日この頃、私達新入生○○名は、新しく始まる中学校生活に期待に胸をふくらませ……」と、私も中学生の頃、入学式において新入生代表の挨拶をしたことを、ふと思い出した。とても、緊張したことを覚えている。

あいにく、今日は今にも雪が降り出してきそうだ。それくらい気温が下がり、肌寒い雨の一日となった。それに加えて、コロナ禍にロシアのウクライナ侵攻。また、地震と異常なほどの気候変動。これほど無慈悲な出来事は、私の人生で今だかつて存在したことはない。

私の親の世代は、太平洋戦争という悲しい戦いの時代だった。生きるか死ぬかの瀬戸際で、生き残ってきた世代だ。

一方私達は、バブル崩壊も経験したが、東京オリンピックや大阪万博と右肩上がりで勢いがあった時代だ。また、現在は、幼少のころアニメで見た未来都市に確実に近づいている。それでも、いろいろと世の中を批判する人も多いが、過ぎてみれば平和でありがたい時代であった。

一方、今日の新入社員さん達は、物が豊かで高学歴。更には、デジタルの電子機器を駆使して、世界中の出来事が一瞬にしてわかるＩＴ世代だ。しかし、平和な世の中とは決して言えない。若者の自殺も多く、心が貧困な時代に生きているると言える。

その状況において、今日入社した新人さんたちは、果たして何人会社で生き残れるのだろうか？　それでも出会った全員に、力強く生き抜いてほしいと思う。

私のここでのバイト経験から言えることとは、仕事上の体力や日常における健康も大切だが、職人気質の強いこの工場ゆえ、男女を問わず人間関係を上手にコントロールできるかが、重要だということだ。機械の操作よりも、人のコントロールが大切だ。時には、会社や先輩たちに上手にコントロールされてみる余裕があるとベストだ。

つまり、この工場で勤まらない人間は、どんな会社に行っても残念な結果がでるとハッキリと言い切ることができる。決してすぐに結果を求めずに、頑張ってほしいものだ。

しかし、無理をすることはない。今の不条理な世の中において、どうする事も出来ない事も多々ある。イヤなヤツと思えるくらい精神的に合わない人間もいる。その時は、逃げたり隠れたりするのが良い。素直に自分を守ることも大切だ。

私も六十四年間の人生において、そのようにしながら現在という心地よいポジションに至っている。しかし波乱万丈で大バカなる半生を送ってきたので、お手本には程遠いと言える。

「頑張れ！」という言葉も、「逃げるが勝ち」という考えと、セットで新人さんたちに送りたい。

歴史は自分で作っていく。この工場でのバイトの日記を記すことで、私の歴史は着実に作り上げられている。自分の目でしっかり現場を見て、耳で聞き、パンや人間臭さを肌で感じる。五感（視、聴、嗅、味、触）を遺憾なく発揮し、具体的に動く。コツや技は、説明書やお手本からだけでは決して修得できない。

だからこそ、新人さんには試行錯誤を重ね、自分だけの技を磨き、次の世代にそれを引き継いでいってほしい。これが会社の良き伝統を作り上げていくと思う。いわば、『文化の伝承』である。パン文化の伝統と、自分の歴史を後世に残すべきだ。

まだ日の出前だというのに、一人の年配の男性がこちらの方へ向かって歩いてきた。その男性の帽子には、赤いラインが一本入っている。ニタニタしていたと思うと、何も語らず何処へ行ってしまった。

「あの赤線はどんな意味ですか？」と、退勤時に守衛さんに尋ねてみた。

「あっ、その方は課長さんですよ」

「でも、日の出前の四時半ですよ」

「時折、回っているようです」

「へえ〜」

その時、温かく見守っていただいている気がした。
「明日もやるぞ！」という気分がわいてきた。

このパン工場で夜間働いてみて、睡魔《すいま》や単純作業と戦い、ラインの速さ（ベルトコンベアの速度）に苦戦し、人間関係の難しさを知った。そして、何とか折り合いをつけながら今日までネムネムのフラフラでやってきた。
今は、閑散期《かんさんき》で一〇五〇円と低時給ではあるが、会社をはじめたくさんの先輩方も見守ってくれている。そんな心暖まる職場だという事実を、新入社員の皆さんにしっかりとお伝えしたい。

そうだ！　双六《すごろく》でいこう

「痛い！」

突然、左太ももに激痛が走る。足が、つったようだ。時間を確認しようとしても、動きが思うように取れない。つっている脚をかばうようにし、体中をひくひくさせて、ただただ痛みに耐える。目も開けることができない。そして、眉間《みけん》にしわを寄せ、息を押し殺す。

そうこうしていると、今度はふくらはぎに、電気ショックのような痛烈な痛みが走る。まるで、悪魔が天から舞い降りてきて、私の体にいたずらをしているようだ。これはたまらん。何とか落ち着くまで、この状態をやり過ごすしかない。

悪いことは重なるものだ。突然、尿意《にょうい》を催してきた。これまた、我慢するしかない。ひたすら耐える。

十分位時間がたっただろうか、スーッと全身の力が抜けて楽になる。ようやく七転八倒《しちてんばっとう》の苦しみから解放される。戦いは終わった。

「は～っ」と、肩で深く息をする。


選手時代なら、このような経験は珍しくなかった。試合で限界まで自分を追い込んでいるので、その付けが夜中に回ってくる。最悪の場合は、プレー中に痙攣《けいれん》が起き、試合を放棄しなければいけなくなる。しかし、どういう訳か、私より相手選手のほうが、コート上で痙攣し、のたうち回ることが多かった。

ともかくこれは、明らかに疲れすぎた証拠である。つまり、体がクタクタのヘトヘトになっているのである。疲労困憊《こんぱい》の状態と言える。下手をすると、両脚がつり、しまいには全身に及ぶ。その時は、救急車のお世話になるしかない。

ようやく落ち着いてきたので、恐る恐るトイレに忍者のようにヒタヒタと移動する。六十五歳の退職まで、こんな調子が続いてはたまらない。バイトは限界まで追い込む必要はないので、少し動きをセーブしなければと、反省する。

脚がつっても誰も得はしない。一生懸命に仕事に取り組む姿勢は、自分でも評価はできるが、これらは給料には決して反映されない。とすれば、年齢に見合った頑張りをするしかない。しかし、どの程度の頑張りで仕事に取り組んだらよいものやら？　何事に対しても、全力で取り組むという厄介な性格をコントロールしなければならない。

従って、仕事日数や連続勤務日数等で調整するしかない。また、中身を変えにくければ、労働時間を少なくすれば良い。その分給料は減るが、寿命《じゅみょう》は減らない。選手時代は、脚をつりにくくするために、二十分位ストレッチをおこなっていた。

「いちにっさん。にいにっさん」と、声を出して、呼吸しながらジワジワとやるのが良い。早速、今日から再開することにする。思い立ったら吉日《きちじつ》の性格は今も健在《けんざい》である。

「よし！　実行だ」

そういえば、仕事場の壁に、就業前のストレッチ推奨《すいしょう》を促す掲示物があったことを思い出す。今までは、社員ではない自分には、無縁なものと思い込んでいた。車をやめてしまえば、ガソリンスタンドが見えなくなるようなものである。

そこで、次回から、とりあえず張り紙にも少しは神経を使うことにする。見るだけはタダだ。実にありがたい。昔から、一生勉強とはよく言ったものである。

　私は、立ち仕事と言っても、六時間足らずで退勤するからいいのだが、長時間労働の特別待遇《たいぐう》のバイトや契約社員、そして、ベテラン社員たちは、一体どのように休憩しているのだろうか？

　そう考えた瞬間に、ここで働くことは絶対ないと思った。更に、大変だと感じていた教師生活が天国のように思えてきた。授業の合間には、十分間の休みが保証されている。勿論、ストレスや仕事内容は比較対象から外してのことではあるが。つまり、単純に立ち仕事を比べただけであることをお断りしておく。仕事の大変さにおける、質と量は当然違う。

　改めて、ベテラン社員さんたちには、敬意を払いたい。

　いずれにしても、人間の体と言うものは、使いすぎれば壊れてしまう。逆に、さぼり癖が付けば、一気に動かなくなる。だから、適度に体や頭を動かすのが良い。更に、毎日継続するに限る。小学校五年生から、毎日素振《すぶ》りを続けてきた成果が、選手成績として現れたことが論より証拠だ。また、職人も、十年の修行を経て一人前になると聞く。どんな習慣も、継続は力なりである。

脚がつってしまったことから、今後の仕事への取り組み方、および自分の体へのいたわり方と、日ごろの習慣の大切さを知った。少しばかり痛い思いをしたが、これから退職までの効率の良い戦い方が見えてきたように思う。

転んでもただでは起きない私である。一生懸命やれば、たとえその時はうまくいかなくてもあまり気にすることはない。最後に笑ってゴールすれば良いのである。

人生は、まさに『双六《すごろく》』である。一回休みもよし。そしてさらに、またまた休みもよし。突然、三つ進むこともある。ところが、一気に振り出しに戻されてしまう、なんてことも起きる。厳しいなんて言っていられない。現実である。その過程《かてい》が、スリリングであればあるほど、ゲームすなわち人生が面白く価値のあるものとなる。

脚がつったらちょっと休み、怪我をしたら暫く休む。クリスマス時期は、バイト代がグンとアップする。そして、ニンマリと笑い三つ進む。

明日からは、『定年円満退職』というゴールを目指して、のんびりサイコロを振りたい。六十五歳まで、のんびりと『双六人生』を楽しみながらゴールを目指したいものである。

三つの張り紙に教えられ

「睡眠をしっかりとろう」

「朝食は一日の力の源である」

「元気よく大きな声を出そう」


「あっ、そうか！」と、通路の張り紙を見て心の中で納得した。私が、日々実践している内容に、実に一致しているのである。紙を見ながら何度も首を縦に振った。


その張り紙の横に、「声を出す」の解説があり、それがなかなか興味深い。

「声をしっかり出すと脳に良い影響を与える」と、ある。全く私も同感である。

昨年の夏から、地域のボランティア清掃をしているが、挨拶は欠かさない。そして、大きな声で挨拶すると、実に一日が明るく始まる。また、それにこたえるように皆さんから返事が返ってくると、嬉しくなる。木々の小鳥さんや、カラスくんまでも挨拶に参加してくるように思える。そこへ、ふらりと現れた猫さんや散歩中の子犬ちゃんにも、しっかりと挨拶をする。元来、生き物が好きな私は、その存在を認めるために、挨拶は欠かさないようにしている。そして、挨拶の声は、大きくはっきりとする。

そういえば、ここの社員さんたちは、皆さんよく挨拶をしていると思う。アルバイトさん達はもとより、会社に出入りしている業者の人たちにも、大きな声で挨拶している。今まで、当たり前すぎて考えもしなかった。

例えば、山で人にあったら、自然に声を掛け合っている。人間は、決して一人では生きられない。工場も一人では成り立つはずがない。であるならば、そこに関わる人すべてと良い人間関係であると、仕事も楽しいはずである。その一番のきっかけが、挨拶だと思う。そして当然その声が、相手に伝わらなければ、ただの独り言となってしまう。お互いにというのが、重要なポイントとなる。

出勤すると、まず、門のそばにいる警備員さんに、元気よく挨拶する。次に、守衛《しゅえい》さん。バイトを終えて戻ってくる人には、「ご苦労様」と、ねぎらい挨拶をすれ違いざまにする。ここでは、疲れていることを考えて、声のボリュームをコントロールするのが良い。

「今日もお世話になります。朝、五時までです」と、バイト受付所や仕事の現場では、少し語気《ごき》を強めて挨拶する。その時は、必ず相手の目を見てからお辞儀をする。

これらのことは、当たり前と言ってしまえばそれまでだが、我ながら実に良い習慣が身についていると思う。親に感謝と言いたいが、私の場合は祖母に感謝である。幼少の頃は、実家は呉服店を営んでおり、家に帰ってくるとお客様や業者の方に挨拶をするように言われていた。だから、自然に挨拶することが習慣として身についてしまったようである。

タバコや酒は、一般的には悪い習慣と言われているが、これらは意識しなくてもすぐに身についてしまう。ところが、良いと言われる挨拶や歯磨きなどは、根気や継続のいる習慣と言える。だから、死ぬまで継続したいものである。

ところで、習慣と言えば、私の出身大学には「エッサッサ」という独特の応援スタイルがある。これは、雄《お》たけびと踊り?を、全学生で体育祭やイベント、および大会で優勝した時などに披露するというものだ。私は、この「エッサッサ」が、気に入っており、友達の結婚式では必ずやってきた。一人よりも、たくさんの人と声を出すと、多くの喜びと感動が生まれる。そして、私の披露宴も、この習慣で祝ってもらった。従って、大きな声を出すのは、年を取ったからではなく、習慣によるところが大きいと言える。

また、脳によい影響と言えば、「睡眠をしっかりとろう」も、大切だ。睡眠不足は集中力を欠く。

若いころ選手として、国体や全日本クラスの大会に行くと、誰よりも早く布団をかぶって寝ていた。たいがい、チームごとや都道府県別で部屋が割り当てられている。そして、久しぶりの同窓会や旅行気分の選手から、試合に負けてチェックアウトとなる。

試合であろうがバイトであろうが、寝なくては良い結果は得られない。ゆっくりと考えれば誰にでも理解できると思うが、気分が高揚《こうよう》するのは誰にも止められない。まことに悲しいことであるが仕方がない。選手の中には、夜通し酒を飲む、更には徹夜マージャンに興じるつわものもいると聞く。明らかに、私とは違う。また、仲間になりたいとは思わない。

質の高い仕事と睡眠は、切っても切れない関係にあることは、まぎれもない事実である。ましてや、ミスの許されない検品《けんぴん》作業がバイトの中心であるから、しっかり仕事の前に寝ておく必要がある。そうすれば、不良品はすぐに見つけることができるし、日付のチェックも確実にできる。また、怒鳴られることもない。

さらに、「朝食は一日の源である」という張り紙の文言も十分に頷《うなず》ける。これも、脳の働きと大きく関係している。

文部科学省は、「早寝早起き朝ごはん」を、提唱している。これは、子供たちの生活習慣づくりだけにとどまらず、社会全体の問題としてとらえる必要がある。

しかし、私の場合は深夜バイトなので、朝ごはんは少なく、夕飯はしっかり摂《と》っている。要するに、活動する前にそれに見合ったエネルギーを十分に摂取しておくことが必要となる。最近は、作業前に食堂で、無料試食のパンや饅頭、さらには、季節の団子などを小腹《こばら》対策に活用させていただいている。これは、バイトの特権であり、実にありがたいことである。

また、この試食によって、自分が汗水たらして作った商品のイメージを、多少なりとも掴《つか》むことができる。バイト初心者の頃は、一体自分がどのようにパン作りに関わっているのかさっぱりわからなかった。今は、パンやお菓子のイメージが、鮮明にわかるようになってきた。仕事自体は、単純作業の繰り返しなので、試食は大いに役立っている。

のちに、これらの三つの張り紙は、新入社員さん向けだと分かった。

いずれにしても、どの文言も脳に関わる内容だとすぐにわかる。そして、鉄は熱いうちに打てと言うことである。つまり、小学生だけでなく、新入社員さんたちにも大切なことがらだ。しかし、良い習慣は一長一短では身につかない。また、意識しなければ、人間は楽な道へと自然に流れてしまう。私も、この点

について は、しっかりと心にとどめておきたいと思う。人生とは、これ修行の繰り返しなり。

そこでさっそくしばらくは、私も初心に帰って、清く正しい習慣を脳にしっけしたいと思う。加齢によって脳が凝り固まってしまわないうちに、繰り返しこれらのありがたい文言を呪文のように唱えることにする。

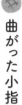

曲がった小指

「あっ！　いつものトラックだ」

日課となっている朝風呂の帰り道、いつものように信号の変わるのを待っていた。すると、目の前をパン工場の大型トラックが、サッと一瞬で過ぎていった。その車に描《か》かれた宣伝文句を読み取る暇もなかった。しかし、ロゴマークだけはしっかりと記憶に残った。つまり、それは私の体にパン工場での仕事がしみ込んでしまっている証拠だ。


私は今まで、必死に仕事と向き合ってきた。人は単なる単純作業のアルバイトじゃないかというかもしれないが、ひたすら真面目にやってきた。一旦飛びついたら、納得がいくまで食らいついていく性格がそうさせてきた。

ひょんなことから、ポストに投函された一枚のチラシでこのパン工場でお世話になることとなったが、パン作りという作業は自分には初めてで、とても新鮮だった。母の介護で悪戦苦闘しており、ほとほと体は疲れ切っていた。渡りに船で、今の私にはタイムリーであった。介護の疲れが一気にスーッと溶けていくようだった。また、日頃の煩《わずら》わしさをすっかりと忘れることができた。それが実に好都合であった。

今のバイトに出会えたことに心から感謝している。

ところで、私が尊敬し好きになった人を紹介すると、一番は掃除好きの社員さんである。その人は義務ではなく、心底《しんそこ》仕事場を愛しているようだった。なぜなら、彼はいつも実にまめに仕事の合間を縫って機械や床をピカピカに磨き、仕事場を整理整頓していたからである。全くもって頭が下がる。そんな彼が好きだ。

「良く動きますね」と、周りの人から言われるのも納得である。他のバイトさん達も、その点は異口同音に認めている。だから、私達バイトも、自然に空き時間ができるとモップに手がいく。これは工場マジックなのだろうか？　いやいや、当然の成り行きと言える。

また、世話好きの社員さんが多い。中にはその愛が強すぎて、顎《あご》マスクで強烈に怒鳴り付けながら指導する名物社員さんもいる。そうは言っても皆親切である。人間味をプンプン感じさせてくれる人が多い。どことなく懐かしい教育の原点がここにあるように感じる。昔臭《むかしくさ》さが心地良い。

これらはバイトさん達にも、以心伝心《いしんでんしん》するようで、新人さんが入ると教え合っている光景をよく見る。また、最近は会社側から初心者マークのバッチが配布されている。それを目立つように帽子につけている。会社全体に教え育てようとしている雰囲気があり、実に心地よく感じられる。

しかし、良い面ばかりとは言えない。当然改善すべき所もある。私はバイトの身分であり退職年齢ギリギリの六十四なので、いつ辞めても良いと腹をくくっている。こうなれば、人間は強い。言いたいことや納得のいかない部分は総務や人事担当にズバズバ質問している。また、バイト係や守衛《しゅえい》さんとも直接話すようにしている。気づくとすぐに話しかけている。つまり、働く人と会社の程よい接着剤になれたらよいと考えている。

このように、とても愛着を感じる工場なので、最近実践し始めた事がある。それは、ボーイスカウトで教わった習慣だが、「来た時よりも、綺麗にして帰る」である。

例えば、トイレのスリッパの乱れをなおす、アルバイト受付出入口の上履きを揃える等を実践している。習慣になってしまえば全く苦にはならない。普段から道に落ちているたばこの吸い殻を拾っているが、それと同じ感覚である。

とかく今の世の中は、多様性で溢《あふ》れかえり予定通りにはいかないことが多い。しかし、ここに来れば好きな社員さんや気の合うバイトさんがいる。また、話をよく聞いてくれる守衛さんもいる。ありがたいことである。

「頑張ってくださいね」と、仕事帰りにコンビニのレジ係さんからも声がかかる。その時は、若い女の子から優しくされてすこぶるご機嫌になる。当然、疲れも吹っ飛ぶ。したがって、この時ばかりは、もう少し仕事を続けてみようと考えるのである。

ただ、心残りが一つある。それは、バイト仲間や会社の人たち、機械や道具などを大切にしてきた。それはそれでよいことだと思うが、肝心の自分をぞんざいに扱ってきたことである。つまり、性格に起因するところが多いが、自分に厳しすぎたようだ。その結果、両手の小指の第一関節から先が曲がってしまったのである。気が付くのが少し遅かった。

選手時代は、試合や練習後に念入りにストレッチやマッサージをしていた。今は、それほどハードな動きではないので、お風呂で疲れをとっていた。少し仕事を甘く見ていたようだ。

小さいタイプのパンやケーキ類をまとめる作業が多いので、その動作の習慣が身についてしまったようだ。一生懸命にまとめる動作をするあまり、ついつい力が入りすぎたようだ。更に、その仕事後のストレッチをしなかったために、小指だけが曲がってしまった。

実は、母も同様の指をしている。彼女は、豆腐屋に勤務していて小指が第一関節から曲がっている。そのことは、知ってはいたが、まさか自分が曲がってしまうとは夢にも思わなかった。今は、元のまっすぐな小指に戻るように、風呂上がりに入念にストレッチをしている。

後の祭りである。また、年を取ったので仕方がないことだとも、半ば諦めている。ゆっくりのんびりやるしかない。

きっと、仕事を辞めてもこの曲がった小指を見るたびに、パン作りをした時のことを思い出すだろう。その思い出は、苦しくてつらい思い出ではなく、楽しくて笑い多い思い出だと思う。いや、きっとそうだ。

皆さんとともに働いた大切な記録として、いつまでも脳に刻み込まれることだろう。

卒業

「大変長い間、お世話になりました」

「これで終わりですか？」

「はい」

四月六日。この日の暦は大安だった。パン工場のバイトを終えるにあたり、カレンダーを眺めて一番それに適している日を選んだ。そして、すぐに人事課へ出向くために電話を入れた。向こうの都合などは一切考えなかった。かつて、教員を辞める時も、管理会社を辞める時も、自分で退職の日を決めてきたからである。


泣いても笑っても、今日が最後だ。賽《さい》はすでに投げられていた。新しいことを始める時はワクワクし、更にドキドキが続く。そして、新たな道に踏み込むときは、気持ちが昂《たかぶ》る。この緊張感がたまらなく好きだ。

ドキドキといえば若いころ、スキーに興じていた時、大失敗をした経験がある。私は、五感で雪の気配を感じると、仕事が手につかなくなった。ゲレンデで滑る自分が頭に浮んできた。そうなると、出発前日はなかなか寝付けない。

「もしもし。野村さんのお宅ですか？」

「はい」

「ひょっとしてまだ御在宅ですか？」

日の出前に、高速道路のサービスエリアから電話を受けた。やってしまったのである。つまり、大寝坊の大遅刻だ。私は、布団の中で言い訳にしどろもどろとなった。そして、遅れてゲレンデで合流したのである。

しかし、今日のドキドキは、今までの時とはかなり違う。私は、教育の現場で、少なくとも三十五回ほど卒業式を経験してきた。さらに、自分の卒業式や我が子の卒業式まで加えると、ざっと五十回以上になるだろう。だが、何回その場面に遭遇してもジーンと感慨深い思いになる。今回も同様である。

会社との毎月取り交わす労働契約書には、ハッキリとバイトの雇用条件が明記されている。「再雇用の上限は、満六十五歳の誕生日前日の属する月の末日とする」と、ある。四月で退職だ。

厳しいが、仕方のないことであり、その指示に従うしかない。バイトの定めである。勿論、退職金などというものは一切ない。

そういえば確か、バイトを始める時の説明会で、帰り際にとても美味しい出来立てパンのプレゼントがあった。今回は、餞別のパンどころか、お花の一つもない。まことに淋しい限りである。

さらに淋しさが頂点に達する出来事が起こった。それは、ネームプレートを返却したのだが、その時に、今までのバイト活動に対しての労をねぎらう類の言葉かけが一言もなかったのである。ショックだった。高齢者の私には、これがズシリと響いた。夜を徹してのパン作り作業を、クタクタのフラフラでやり通したにも関わらず、会社としては機械の一部でしかなかったようだ。残念至極である。

「いやいや待てよ。それは、考えすぎというものだ。最後に対応した係の人の問題であって、会社の責任ではない。若いからどのように声かけしていいか分からず、無言だったのだろう」と、心に言い聞かせた。すると、少し興奮した気持ちをなだめることができた。

もし、このようなことが若い時に起こったら、けんか腰で反論していただろう。今は、年を重ねたせいか、落ち着いて対応できたが無性に悔しかった。しかし、会社との約束は守らなければならないし、この時は、冷静に対応できた自分を褒めてあげるしかできなかった。

いつもは、工場から徒歩で駅に向かうのだが、ドッと疲れが出て、バスで帰ることにした。椅子に座るとさらに疲れが出てきた。

新型コロナウイルスの感染拡大の渦中において、門を入るや否や検温に消毒。うがいに手洗い。そして、しつこいようにバイト受付所でも再度検温。ロッカールーム内では、無駄な会話は控えて即時退出せよと言わんばかりの張り紙。待機場所では、ひたすらにおりこうにしている。それは、周りからの無言のプレッシャーを感じるからである。さらに、多い時で五十人ぐらいの密密状態。これは異常だ。

そして、仕事は、深夜の六時間休息なしときている。加えて、検品《けんぴん》作業となると、給水《きゅうすい》時以外は立ちっぱなしである。更に、機械にアクシデントが起きるたびに、それを知らせる大音量のメロディが仕事場にけたたましく鳴り響く。まるで、戦時中を連想させるが、慣れてしまえばさほど気になることはない。しかし、それがかえって恐ろしい。

その中で、怒涛《どとう》の如《ごと》く激しく飛び交う指示や伝言。はたから見ると、怒鳴りあっているように見える。機械音に負けないためには、致し方ないと言える。それに、身振り手振りも加わるから忙しく見えるが、おかしくも見える。

「もう上がっていいよ」と、社員さんから声がかかると、天にも昇る心地になる。そして、思わず肩から息が出そうになる。そして、達成感と脱力感が入り乱れる。

今は、真っ先に苦しかったことが思い出される。それは、力尽きるほどに精一杯頑張ったからだと自負している。また、私の全力投球魂がいかんなく発揮された証《あかし》と言える。それは、先祖代々脈々と受け継がれてきた、「富山の薬売り精神」でもある。

クリスマス時期の倉庫の中は、ペンギンさんになった気分で寒さに耐えた。一方、夏は巨大オーブンやパンを焼き上げる鉄板の熱で、汗だくとなって動きまくった。ちょっとした火傷ぐらいは、気にはしないでひたすら作業を続けた。まさにそこには、四季というものは存在しなかった。厳しい夏と、過酷な冬の繰り返しだった。心ばかりの冷風と、大きな営業用の扇風機で暑さをしのいだ。流石《さすが》に、元国体バドミントン選手の私にも、ここの暑さはこたえた。勿論、加齢の影響が大きいことは否めないが……。

しかし、これらの辛く苦しかった思い出も、親切な人々との出会いや交流ですべてが帳消《ちょうけ》しとなった。ありがたいことである。そして、繁忙期の高いバイト代は何よりのご褒美に思えた。「お金は人生における唯一の宝物」とは決して思えないが、素直に嬉しかった。

今まで一生懸命に仕事に打ち込んできたのは、会社が社会貢献を率先してやっている事実をニュースで知ったからである。

日本のどこで、突然災害が起きても会社のトラックが駆けつける。私たちが作ったパンなどが、被災地に届けられる。

「がんばれ！」と、心から願った。

今までと、ニュースを見る目が変わった。

「早く届けてくれてありがとう」

と、運転手さんに心から感謝の言葉をかけた。


パンという文化を後世《こうせい》に伝え、会社の伝統を守り続けていく。そして、私たちの命をつないでいく食料を作っているのだ。その一端《いったん》を担《にな》っているのだと思うと、ここでバイトしてきて良かったと改めて思う。そして、会社への協力と社会貢献ができたことに、深く感謝している。感謝、感謝の雨あられである。

だから、アルバイトを卒業してもこれからの会社の発展と、そこで働く人々のご健康並びにご活躍を遠くから見守っていきたいと思っている。

今後は、パンを手に取るたびに、思い出のアルバムとして色々なドラマが蘇《よみがえ》ってくるに違いない。

「卒業とは、決して終わりではなく、次の人生へのスタートだ」

と、いつも卒業生に言い聞かせてきた。今日は、自分に真摯《しんし》に向き合ってゆっくりと話してあげたいと思う。

さて、次の目標や夢に向かって、明日の駅カフェではどんなパンを食べようかな？

あとがき

私の、一年と四カ月余りのパン工場におけるバイト日記を読んでいただき、ありがとうございました。

これを書いている今の時代は、実に混沌《こんとん》とした状態に置かれています。コロナ禍に始まり、戦争や気候変動。更には、多発する地震。それに加えて、インターネットをはじめ、急変加速する科学や技術の進歩。

どれをとっても人類が過去直面しえなかった課題が山積しています。そして、私もこの四月から、地球温暖化防止活動推進《すいしん》委員として、県知事さんから委嘱《いしょく》を受け、地域の皆様にＳＤＧｓ（持続可能な開発目標）等の啓蒙《けいもう》活動を始めました。また、最近は政治活動にも興味関心が芽生えてきました。

実に忙しい時代を生きています。

私は現在、実母と義母の介護をしていますが、一人暮らしです。そして、プラチナ世代（六十代）を大いに謳歌《おうか》しています。その中において、短い期間内で、大工場のほんの一部でしか働いておらず、そこで出会った人々とは一期一会《いちごいち え》です。従って、私の偏《かたよ》った見方になってしまっている部分も多々あると思います。それは十分承知していますが、なるべく事実に従って記したつもりです。また、私の自慢話に聞こえる箇所もあるかもしれません。そこは、人生の未熟者としてご容赦ください。

ここで、ハッキリお断りさせていただきたいことは、工場の良し悪しを述べたり、出会った人の好き嫌いを、単に羅列したのではありません。工場で働く人々に直接スポットライトを当て、可能な限り心の底まで表現してみたつもりです。

また、私の六十四年間の人生経験を振り返り、ここでの仕事を多面的に捉え、慎重に考察しながらペンを取りました。

従って幼少期から成人となり、更に、今日に在るまでのエピソードや精神論も盛り込んでしまい、読者の皆様には多少慌《あわ》ただしく感じられたかもしれません。

何分にも、普段から落ち着きがなく、バタバタしながら毎日を送っている私なので、日記も同様になってしまいました。しかし、それが本当の自分なので仕方がありません。

ここで一つ言えることとは、自分の日記を改めて読み直し、書き直して見ると、自分の現在置かれている状態や、ご先祖様から脈々と受け継がれてきた伝統や生き様が理解できたという事実です。そして、今後どのように生きていったらよいのかという、方向性が見えてきました。今回、日記をオープンにすることにより、波乱万丈の人生に始まり、次におまけの人生となり、現在は懺悔《ざんげ》の人生を送っているような気がします。

私は、以前主治医から余命十年と宣告されました。それから、五年が経ちました。仮にもうしばらくこの世で生きられるならば、人様のお役に立ち、修行の人生を送っていきたいと思います。

母の介護の合間を縫って始めたアルバイトを、この春でめでたく卒業しました。しかし、私のことですから、工場の車を街で見かけたら、また、回想日記を書き始めるかもしれません。それくらいこのパン工場のバイトは、心の奥底に根付いてしまったようです。

その時は、再度皆様とお会いできるかもしれませんね。とても楽しみです。

最後に、ぐうたらな私を根気強く叱咤激励しながら、出版に至るまでご丁寧にサポートして下さいました森恵子社長をはじめ、関係者の皆様に深く感謝申し上げます。

そして、私の拙《つたな》い日記の世界を覗くだけでなく、どっぷりと浸って最後までお読みいただいた読者の皆様に心より感謝申し上げます。

二〇二三年六月一日

著者紹介

野村雅之（のむら まさゆき）

1958年、富山県生まれ。日本体育大学体育学部社会体育学科卒業。社会教育アドバイザー。教師生活35年。

アスリート時代はバドミントン国体選手として活躍。

学校教育と各種スポーツ選手指導、思いやりの道徳教育で培った分析力を生かし、2023年４月から地球温暖化防止活動推進委員として活動中。

共著に『中学校保健体育科の指導事例集』『中学校保健体育科 指導細案』（ともに明治図書）、ビデオに「クラブ活動における初心者指導」（ジャパンライム）「中学校体育実技指導（文科省指導男女共修授業）」（アルファ企画共同制作）がある。

パン工場《こうじょう》はワンダーランド

―深夜《しんや》バイトでネムネムフラフラ日記《にっき》―

2023年9月27日　第１刷発行

著　者　　野村雅之
発行者　　森恵子

装丁デザイン　山口まお
装丁イラスト　伊東ぢゅん子
発行所　株式会社めでぃあ森
（本　社）東京都千代田区九段南 1-5-6
（編集室）東京都東久留米市中央町 3-22-55
TEL.03-6869-3426　FAX.042-479-4975
印刷・製本　シナノ書籍印刷株式会社

ISBN978-4-910233-16-1　C0095